ちくま新書

ぼっちのアリは死ぬ
――昆虫研究の最前線

古藤日子
Koto Akiko

1851

ぼっちのアリは死ぬ――昆虫研究の最前線【目次】

はじめに

「子どものころから昆虫がお好きなんですか？」

珍しいものをみるような質問をうけることが、たびたびあります。最近は育児のなかで、保育園や小学校など面識のない方と新たに知り合う機会が増え、「お仕事は？」という質問をうける場面が増えてきました。

嘘をつくのもおかしいので、「研究関係で……」とかなりぼやかしてお返事するのですが、さらに突っ込んで**「アリの研究を」**と正直にお答えをすると、冒頭の質問が待っています。

ありがたいことに、研究を取材していただく機会も増えてきましたが、やはり「小さいころから虫にご興味が？」というテッパンの質問を頻繁にいただきます。

†「にせもの」という感覚

私は東京の下町に生まれ育ちました。

今よりもずっと高層ビルは少なく、まだまだ緑が多く残っていたような時代ではありますが、よほど積極的でないかぎり、幼少期に虫に出会う機会は滅多にありませんでした。お恥ずかしながら、虫にはさほどの興味もなく、どちらかというと好きではない、というごくごく一般の女の子と同じような感覚をもって育ちました。

当時の下町の暮らしは、家が隙間だらけのせいかゴキブリに出会うのだけは日常茶飯事で、母と姉と3人で毎回大騒ぎの撃退劇を繰り広げるような日常を過ごしてきました。正直なところ、子どものころの虫との一番の思い出といえば、「ゴキブリとの格闘」かもしれません。

冒頭の質問にも、**「虫は好きではありません。どちらかというと苦手です」**とお答えするしかありません。

虫を扱う研究者には、幼少期から昆虫に夢中だった方、仕事にとどまらず時間を惜しまずに採集や飼育に力を注がれている方も非常に多く、私もテレビ番組などでそういった研究者が紹介されていると、尊敬と羨望の眼差しで食い入るように見てしまうことがよくあります。

特に日本のアリ研究者は非常に層が厚く、情熱的な研究をされていて一般向けの本も数多く出版されています。本書を手に取っていただいた方も、そうしたきっかけで興味をもっていただいたのかもしれません。

一方で、虫が苦手な自分を顧みたときに、「にせもの」の感覚がどうしても払拭しきれず自己嫌悪に陥ることが多々あります。

そんな私が、なぜ虫の、アリの研究をしているのでしょうか。

†社会性の研究へ

研究人生において、最初のテーマ選びは大学の卒業研究になります。

一般的に、大学に入学する際や在学中に学部を選択する際に、「こういう研究室があるからここの大学に行きたい、この学部に行きたい」と進路を決められる人は少ないのではないでしょうか。多くの場合、学生時代の最初の研究テーマは、進学先の学部である程度の選択肢の中から選ぶ、ということになります。

しかしながら、学位を取得したあとの研究テーマ選びは無限です。もちろん研究室に受け入れてもらえるか、研究費を獲得できるか、などの制約はあります。

博士課程を卒業したあとの研究員（ポスドク）というポジションは、多くの場合、何の縛りもなく、自分の興味のままに、無限の選択肢のなかから自由に研究テーマを選ぶことができる、という研究キャリアのなかでも最も自由度の高い、**最強の時代**なのです。

私は博士課程まで、ショウジョウバエをモデルとして、細胞が自殺するという現象に注目した研究に取り組んでいました。

細胞は、隣にどんな細胞がいるかによって、相手とコミュニケーションをとって自分の運命を決めることができます。どんな細胞になっていくか、さらには生きるか死ぬか、という運命までも、細胞間の相互作用によって決まる過程を見てきました。

学生時代の多感なころに、メンタルバランスを崩してしまう友人の様子も身近に見てきました。他人との社会的な関わり合いのなかで、些細なことがうまくできなくなってしまったり、意欲が削《そ》がれてしまったりする様子を見て、どうにか手助けができないかと悩んだこともありました。

細胞とヒト、まったく異なる次元の話のように聞こえます。

ですが、私にとっては、**「なぜ他者との社会的な関わりが、これほどまでに行動や生命機能、さらには生死という運命や寿命までに影響をするのだろうか」**という、同じ土俵での疑問が浮かんできたのです。

集団をつくり、他者との関わりをもって生きていこうとする性質である**「社会性」**を、私の次の研究テーマの中心においてみよう、と考えはじめました。

✝ショウジョウバエからアリへ

社会性を研究するうえでは、ヒトや霊長類、マウスやラットなど、私たちとも共通する社会的な性質を持つ生き物を対象とするほうが素直だったかもしれません。こういった生物を対象として、長い歴史のなかで社会性に関わる研究が数多く展開され、社会性や社会的な行動の研究が精力的に進められてきたことも事実です。

しかしながら、学生時代、ショウジョウバエを相手にしてきた私にとっては（第3章）、飼育が容易（安価・省スペース）であること、一世代の寿命が短いこと、といった昆虫がもつさまざまな特長は、研究のパートナーとして、これからの研究においてもどうしても外せない大きなメリットに感じられました。これらの条件を満たし、かつ複雑な社会性をもつ生物としてアリに行き着いたのです。

東京で育った私にとってもアリは身近な存在でしたし、飛ばない（女王アリやオスアリは飛びますが）、刺さない（ヒアリなど一部の種は刺しますが）、嚙まない（兵隊アリに嚙まれると出血するくらい痛いですが）という、虫のいやなところを比較的持ち合わせていないところからも、苦手意識を持つ人が少ない部類の昆虫かと思います。虫が苦手な私にとっては、このあたりの条件も非常に重要な決め手ではありました。

アリが公園で行列を作って歩いているさまは、子どもが列になって歩いているようで、かわいい感じもあります。家族で暮らす習性をもち、仲間以外に対しては敵意をむき出しにして皆で戦ったり、仲間と一緒に餌を運んだり、寄り集まって一緒に何かをしている様子というのは、親近感を覚えるものです。

より詳細な観察では、負傷したり、困っている仲間を積極的に助ける習性を持つことがわかっています。幼虫に対して労働アリが口移しで餌を与えたり、口に咥《くわ》えて運んであげたり、体を清潔にしてあげたり、甲斐甲斐しく子育てをする様子も明らかとなっています。**「アリもそんなことをしていたのか！」**と驚くような、私たちヒトとも似たさまざまな社会的な行動を見せるのです。

このような社会的な振る舞いが数多く目撃される一方で、いつも社会のなかで暮らしているアリを仲間から隔離すると、あっという間に死んでしまうことが、１９４４年の論文ですでに観察されていました。

研究室でアリの様子を観察していると、つい擬人化して、アテレコをしたくなるような、社会的なコミュニケーションの場面にたびたび遭遇します。アリだけではなく、犬や猫といったペットも同様に、生物の気持ちを読み取りたくなるものです。「なぜそんなことをしているのか？」を理解したいがために、つい私たちヒトに当てはめて考えてしまいます。しかしながら、それが正しいかどうか、確かめるすべはありません。

アリの分子生物学

アリの行動と、私たちの行動は似ているのでしょうか？　アリも同じ気持ちで仲間を助けたり、子育てをしたり、さらには孤立環境を負担に感じているのでしょうか？

私はそれを知るために、体の中の臓器、**細胞レベルの生命現象**にまで落とし込んで、その現象に関わる遺伝子や分子が操作する仕組みを明らかにしようとしてきました。それがひとつの答えにつながると、信じて研究に取り組んできました。

アリ、マウス、ヒト。まったく異なる生き物ですが、生物としての外枠を超えて、体のなかを覗いてみれば、共通した機能をもつ臓器や細胞から成り立っています。

「アリにも脳があるんですか？」と驚かれることもありますが、アリの体のなかには、脳も胃も腸も哺乳類と同じように備わっていますし、肺や肝臓など、形や働き方は異なりますが、同じ機能をもつ内臓がそろっています。

これまでの生態学研究において、アリがもつさまざまな行動や不思議な能力が報告されてきました。私は、その**生命現象を遺伝子にむすびつけ、細胞を覗き込んで理解したい、**と考えたのです。

ヒトゲノムが解読されたのは２００３年です。

その後、技術の進歩もあり、ヒトだけでなく、マウスやショウジョウバエ、さらには研究室で扱われることの少なかったアリを含む、さまざまな生物のゲノム情報が解読されてきました。遺伝子の情報の多くは、昆虫から哺乳類まで、種を超えて保存されていることが明らかとなったのです。

私が留学を決めた２０１１年は、ちょうど複数種のアリのゲノム解読が発表された時期でした。しかし、私がショウジョウバエを使って学生時代に取り組んできたような、高度な遺伝学実験（第1章）というものはほとんど応用されていませんでした。

現在では、２０２０年にノーベル化学賞を受賞し、一般にも広く知られるようになったゲノム編集の技術によって、さまざまな生物で遺伝子を操作する、ということが実現しています。

このCRISPR-Cas9システムと呼ばれるゲノム編集の論文が、Science誌に発表されたのが2012年でした。当時の私は、そんな未来がやってくることを知るよしもなかったのです。

実際には、2025年現在、アリやハチでのゲノム編集の応用にはまだまだ課題が多い状況ではありますが、分子生物学の技術は刻一刻とアップデートされ、次々と技術革新が報告されています。

かつて私が考えたように、多くの分子生物学の技術をもった研究者たちが、地球上で、卓越した能力や行動を見せる生物たちに魅了され、さまざまな分子生物学実験の手法を駆使することによってその仕組みの解明に乗り出しているのです。

*

本書では、昆虫が苦手だった筆者がすっかり魅了され、10年以上にわたって見つめてきた、**アリの不思議な世界**をご紹介します。

第1章では、まず、「なぜアリを研究するのか?」の問いに答えます。分子生物学の主役であるモデル生物を使った研究と比べながら、アリだからこそ問いかけることができる社会性研究のおもしろさと大切さをお伝えします。

第2章では、身近でありながら、あまりよく知られていないアリの生活史をご紹介します。アリが、社会としてどのように命をつないできたのか、その生態をくわしく見ていきます。

第3章からは、80年も前に論文で報告されていた孤立環境ではアリがあっという間に死んでしまう、という現象にスポットライトを当てます。なぜアリは、ぼっちになると死んでしまうのか? 二次元バーコードを使った行動解析で見えてきた、孤立アリの実態を見ていきます。

第4章では、トランスクリプトームと呼ばれる最新の解析や薬剤投与実験によって明らかとなった、ぼっちのアリが死んでしまう仕組みに迫ります。

最後の第5章では、孤立アリの研究から、私たちヒト社会が直面する社会的孤独や孤立の課題にとってどんな新しい知見が得られたのか、ヒトとアリの孤立は同じなのか、読者の皆さんと一緒に考えていきたいと思います。

第1章　なぜアリを研究するのか？

私たちにとって身近な昆虫であるアリ。

複雑な社会性をもっているがゆえに、子どもから大人まで、興味を惹きつけてやまない小さな昆虫を主役にした、**研究現場の最前線**をご紹介します。

1　モデル生物

私たちヒトは、社会をもつ生き物です。

私たちは、家族という社会のなかに生まれ、学校、職場といったさまざまな社会のなかで日々生活しています。社会との関わりは、私たちの生物としての営みに大きな影響を及ぼしています。

古くから、**社会的な孤立が私たちの健康にマイナスの影響を及ぼす**、という知見が報告されています。[1]社会的孤立は、寿命の短縮に関わること――ストレスを誘導する一因であること、肥満や糖尿病、心疾患や脳疾患など、さまざまな病気の進行を早めることなど――が報告されてきました。

なぜ社会的な孤立環境が私たちの健康にマイナスの影響を持つのか。その仕組みには、いまだに不明な点が多く残されています。その理由として、社会性を研究するための「モデル」となる生物が限られることがあげられます。

†タバコと癌の関わりから

まずは「モデル生物」の定義について、癌の研究を例にとって説明してみます。ヒトを対象として、食生活や生活習慣など健康に関わりうる要因の調査により、疾患の発症や致死率などとの関わりを明らかにする研究を、一般に**「疫学」**と呼びます。たとえば喫煙習慣のある人は、タバコを吸わない人に比べて癌にかかるリスクが高い、といったことをニュースなどでも耳にしたことがあるかと思います。

これは癌に罹患《りかん》したか否かという情報と、その人がどのような生活習慣をもってきたかという情報を入手し統計解析を行った結果、喫煙・非喫煙者の間で統計的に癌の罹患率に有意な差が得られたという研究結果に基づいています。

でも、本当に癌の罹患に喫煙習慣が関係するのか示すためには、「介入」して調べる必要があります。危険因子（ここでは喫煙習慣）を操作し、介入することで罹患率が変化するか、を追跡して実証する実験をしなければなりません。

その研究例として、過去に喫煙習慣があった人でも、その後の禁煙期間が長いほど、非喫煙者と同等レベルにまで癌罹患率が低くなることが示されています。[2] 危険因子を操作することで、癌と喫煙習慣の間に、**喫煙習慣→癌の発症という矢印**がみえてきたわけです。

こうした疫学や介入研究によって、私たちの日常において、癌の発症リスクが高くなるからタバコを吸うのはやめておこうとか、禁煙をはじめようといった病気になるリスクを下げるための行動変化を促すことができますし、生活習慣の変化による癌の予防に貢献できることが期待されます。

それでは、次のステップとして、癌に罹患した患者の治療にとってはどのような研究が助けになるのでしょうか。

喫煙習慣があった患者さんに対して、「タバコを吸わなければよかったのにね」と言っても解決にはなりません。

ここでは、「どのように治療したらいいか?」という点に研究の焦点があります。どういった治療が適切なのかを見極めること、適切な治療方法や薬を開発することが求められます。そのためには癌の病態を理解することが最も重要です。

どのような細胞が癌化するのでしょうか。どのようなことが原因となり、どのような時間軸で癌は進行するのでしょうか。どのような遺伝子が、癌の発症や進行と関係しているのでしょうか。明らかにしなければならないことが山ほどあります。

†モデル生物の意義

実際に患者さんの体の細胞や組織を調べていく病理学の研究も非常に重要ですが、組織検体の入手や介入を行うことは困難な場面が多いでしょう。そこで、研究現場で長年にわたり活躍してきたのが、**「モデル生物」による研究**です。

研究室での実験をスピーディに進めていくためには、研究室のなかでたくさんの個体をできるだけ短い時間で得ることが重要です。そのため、モデル生物は飼育や繁殖が容易であり、世代交代が短期間であることが期待されます。

モデル生物の多くは遺伝子情報が解読され、さまざまな実験のための操作手法や材料が開発されてきた長い研究の歴史をもっています。私たちヒトを含む他の生物とも共通の生命現象にアプローチできるといった利点を備えていることが非常に重要な条件となります。

私たちヒトから遠い位置付けにある生き物であっても、細胞の性質やさまざまな器官の機能は共通していることが多く、さらには遺伝子情報も生物間で共通性が多いことが知られてきました。ゲノム解読の結果、**ヒトの遺伝子の99%はマウスにも保存されている**ことがわかっています。

もし癌の発症を人工的に誘導できるようなモデル生物を作ることができれば、たくさんのサンプルを使って発症プロセスを調べたり、どのような遺伝子がそこに関わるのか、どのような治療や介入が有効なのかを効率的に調べることができます。

†遺伝子機能を操作する

私たちに近い哺乳類だとマウス、魚類ではゼブラフィッシュやメダカ、昆虫ではショウジョウバエ、単細胞生物では大腸菌や酵母。これらは、古くからモデル生物として研究に使われてきました。

ある遺伝子Xがどのような役割を持っているのかを知りたいとします。このとき、遺伝子Xを失った生物を作り出し、遺伝子Xを持っている正常の個体と比べるということが、モデル生物では比較的簡単に実験できます。

また、たんに遺伝子Xがない生き物を作り出すだけでなく、生まれたあとのある時期から遺伝子の機能をなくさせることや、遺伝子の機能を増強させるための技術が開発されるなど、時間的なコントロールの側面からも、非常に高度な操作ができるようになっています。

さらに言うと、全身のすべての細胞でそのような操作ができるのみならず、体のなかのある特定の器官や細胞でだけ遺伝子の機能を操作することも可能です。

このように、モデル生物では遺伝子の機能などを時空間的に自在に操作するための手法が開発されています。そのため、癌の発症において遺伝子Xがどのように関与するのか、詳細に調べることができるのです。

特にショウジョウバエや線虫などの多細胞生物は、**一世代が短く、個体の大きさも小さい**という特徴があります。

そのため、研究室で数百個体というサンプルを集めることに、時間も場所も、そして飼育費用もさほどかからないなど、大規模な実験を行うために非常に適した性質を持っています。

遺伝子Xを失った個体を作り出す技術が確立されているものの、一から自分たちの手で

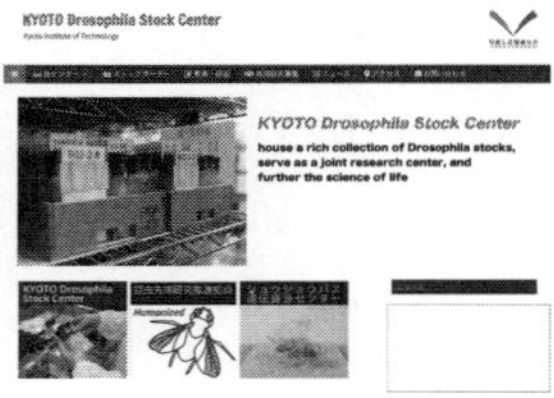

1－1　京都ショウジョウバエストックセンターのHP

そういった個体を作製しようとすると、数カ月以上の時間がかかります。

モデル生物の便利な点として、世界各地にモデル生物のリソースセンターが運営されています。ショウジョウバエでは、アメリカと日本、オーストリアに大規模なストックセンターがあります（1－1）。そこにはさまざまな遺伝子を失ったり、遺伝子を導入された生き物が図書館の本のように保管、維持されています。

センターで維持されている遺伝子を改変された生き物のリストはＨＰから閲覧することができます。遺伝子Ｘをもたない系統が保管されていれば購入でき、早ければ１週間程度でその生き物を手に入れることも可能です。

†ショウジョウバエとアルツハイマー病の研究

モデル生物のすごいところは、特定の遺伝子を操作する実験が可能であるだけではなく、**注目した生命現象に関わる遺伝子を網羅的に調べる**ことができるところにあります。

その実験例として、ショウジョウバエをモデルとした神経変性疾患に関する研究をご紹介します。

神経変性疾患とは、脳や脊髄にある神経細胞において、特定の神経細胞が障害を受け、脱落してしまう病気です。その結果、運動機能が低下したり、認知能力が低下するなどの症状が現れます。

アルツハイマー病やパーキンソン病、筋萎縮性側索硬化症（ＡＬＳ）や脊髄小脳変性症などが知られています。これらの病気では障害をうける細胞の種類が異なりますが、神経細胞における障害の実態として、異常タンパク質が細胞に蓄積することが共通して知られています。

アルツハイマー病は、脳のなかでベータアミロイドやタウと呼ばれるタンパク質が、パーキンソン病では、アルファシヌクレインというタンパク質が蓄積することが病態の特徴です。

これらのタンパク質の凝集体が、神経細胞の機能を邪魔したり神経細胞を死滅させたりしてしまうことで、認知機能の低下や体の強張《こわば》りといった運動症状が現れることが知られています。

アルツハイマー病の発症に関する研究は、世界中の多くの研究室で、精力的に取り組まれてきました。

しかし、このような病態がなぜ引き起こされてしまうのか、なぜこのふたつのタンパク質が蓄積してしまうのかなど、発症の仕組みについては不明な点が多く残されています。

現在でも、アルツハイマー病を完治させる方法は見つかっていません。取り組むべき研究課題が、多く残されています。

ショウジョウバエでは、遺伝学的手法を用いることで、ヒトで蓄積が見られているベータアミロイドやタウタンパク質を人為的に発現させるという操作が可能です。

ショウジョウバエの全身でタンパク質を発現させるという操作ももちろん可能ですが、そうすると、本来のヒトでの病態であれば蓄積が見られないような体のほかの組織でもこのタンパク質が発現し、何らかの悪さをしてしまう可能性もあります。

そのせいで、本来知りたい神経細胞におけるベータアミロイドやタウの蓄積といった現象が、解析しづらくなってしまうというマイナスの影響があるかもしれません。

そこで便利なのが、ショウジョウバエの体のなかでも、目にのみ、ベータアミロイドやタウを発現させるという実験です。

私たちの目と同じように、ショウジョウバエの目にも神経細胞が存在し、視覚情報は脳へと伝わります。体のほかの部分には影響がない状態で、目を構成する細胞でだけベータアミロイドの蓄積による影響を解析できる、便利な**アルツハイマー病モデル**として利用できます。

ショウジョウバエの目は顕微鏡でよく見ると、約800個というたくさんの個眼が規則正しく並んだ集合体（複眼と呼びます）で、とても美しい構造をしています。

ところが、ベータアミロイドを発現させたアルツハイマー病モデルの複眼は、細胞が死んで脱落し、サイズも小さくなってしまいますし、個眼の並び方も規則性が失われ、表面がボソボソとしたような目になってしまいます。

それでは、このようなアルツハイマー病モデルのショウジョウバエを作って、どのような実験ができるのでしょうか。

例えばストックセンターに保管されている特定の遺伝子の機能が失われた系統や、特定の遺伝子の機能が増強されたような系統と、アルツハイマー病モデルのショウジョウバエを交配させます。

それにより、子世代において目でベータアミロイドが蓄積している、かつある遺伝子の

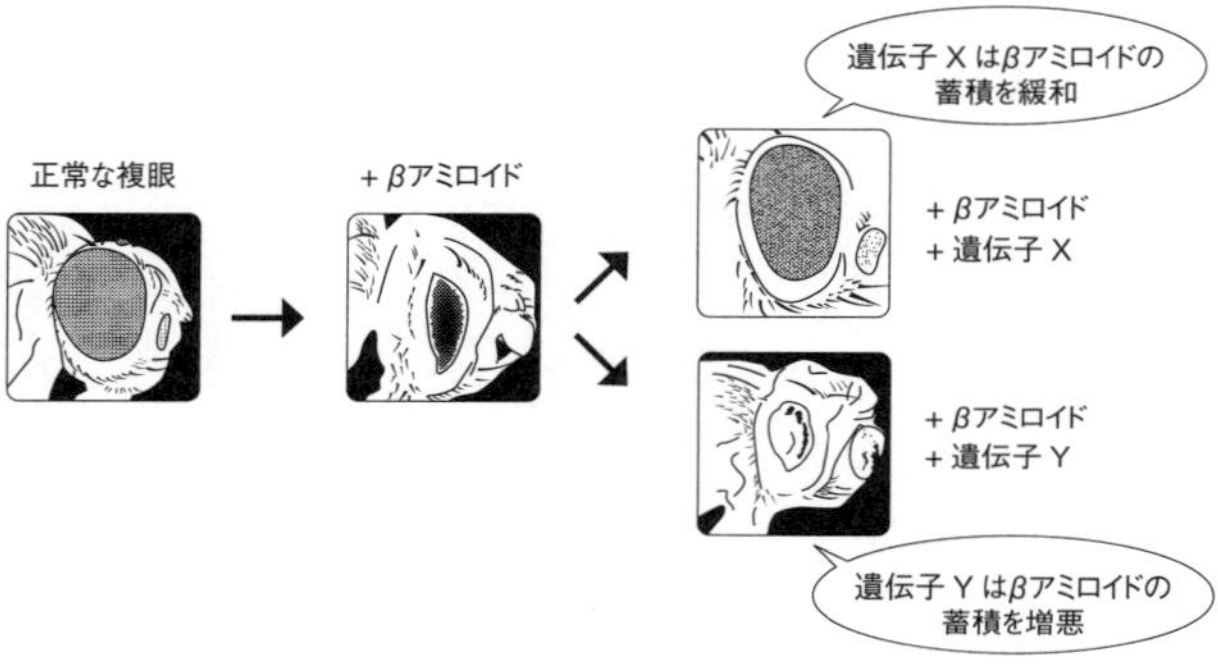

1-2　ショウジョウバエの正常な複眼（左）とベータアミロイドを発現させ小さくなった複眼（中央）。複眼のサイズや形から、ベータアミロイドの蓄積を緩和させる（右上）、または増悪させる（右下）遺伝子を網羅的に探索することが可能となる

機能が欠損した、または増強したような個体を作り出すことができます。

その個体で、ベータアミロイドの影響で小さくなった複眼がどう変化するかを調べます。もしも、ベータアミロイドの蓄積を緩和するような方向に働く遺伝子の機能が増強された場合、複眼のサイズが回復されます。一方で、ベータアミロイドの蓄積を加速させてしまう遺伝子の機能が増強された場合は、小さくなってしまっていた複眼がさらに小さくなってしまいます（1-2）。

生物がもつ、観察可能な形態や特徴を遺伝学の用語では**「表現型」**と呼びます。ショウジョウバエの目の大きさや形、といった表現型から、アルツハイマーにおける病態に対して、操作した遺伝子がどのように関わるのかを調べることができるわけです。

†遺伝学的スクリーニング

何千という遺伝子の操作系統による効果を見ていきますので、今回の例のように指標とする表現型の変化は解剖などを必要とせず、目の大きさをさっと見て、その効果が短時間に判断できる、というのは大きな利点になります。

このように、ある表現型に対して（ここでは、ベータアミロイドの蓄積による目の縮小を指します）、関与する遺伝子を網羅的に探索する方法を「遺伝学的スクリーニング」と呼びます。

できるだけ作業工程が少なく、短時間で効果を判断できる実験系を考えることが重要です。たくさんの系統を短時間で飼育、交配できるショウジョウバエや線虫といったモデル生物がスクリーニングによる遺伝子機能の発見において活躍しているのです。

ショウジョウバエにおけるアルツハイマー病の研究は、目を使ったスクリーニングだけではありません。

ヒトの病態で見られるのと同じように、ベータアミロイドを脳の神経細胞で発現させると、ベータアミロイドの蓄積や記憶障害、寿命の短縮などの表現型が観察されます。[3]

アルツハイマー病では睡眠障害を併せ持つことが多く、マウスやヒトでも、睡眠の質の低下がベータアミロイドの蓄積を加速させることなどが報告されています。ショウジョウバエにおいてもベータアミロイドの蓄積が睡眠障害を起こすことが明らかとなっています。また一方で、睡眠障害がベータアミロイドの蓄積を加速させるなど、双方向に影響し合う現象であることがわかっています。[4]

このように、ショウジョウバエにおける脳神経細胞でのベータアミロイドの蓄積は、マウスのアルツハイマー病モデルやヒトの病態とも共通する表現型を数多く示すことからも、大規模な遺伝学的スクリーニングや薬剤スクリーニングに有用な研究モデルとして活躍しています。

生物学研究の屋台骨として整備され、活用されてきたモデル生物によって、生き物の形づくりや発生、癌や神経疾患をはじめとした病気や老化の研究など、さまざまな生命現象の仕組みに迫る研究が急速に発展してきたのです。

2　アリとヒトを比べる

社会性の問題はどうでしょうか。

生き物にとって、社会性が体のどこに、どのような影響をもつのか。なぜ寿命が変化してしまうほどの大きな影響を与えるのか。いまだに、わからない点が多く残されています。研究が立ち遅れてきた理由のひとつとして、これまでに整備されてきた多くのモデル生物で、**社会性を研究することに限界があった**ことがあげられます。

「社会性」という言葉は非常に広い意味を含みます。たとえば雌雄の交尾行動や、多くの哺乳類に見られる親子の子育て関係も、社会性行動のひとつと言えます。

しかし、私たちヒトのように一生涯、また何世代にもわたって家族と密接に生活するような社会をもっている生き物は限られます。

私たちヒトに近い社会性を持つ生物として、チンパンジーやボノボといった霊長類を対象とした研究も、古くから取り組まれてきました。

ただ、その寿命は30年以上と長く、生まれてから死ぬまで、一生涯における社会性と健康の関わりを観察していくためには非常に長い研究期間を必要とし、飼育のための研究設備も必要です。

†アリへの注目

私は社会性と健康の関わりを研究するために、モデル生物のように研究室で扱いやすく、比較的短期間で個体の一生涯を追跡できる、そして私たちヒトとも共通する社会性を見せる生き物として、アリに注目しました。

アリは、都会の公園や道端でも簡単に見つけることができます。『アリとキリギリス』のイソップ童話は、世界中で小さな子どもたちに読み継がれてきました。アリの巣を観察するための工作キットも販売されていますので、アリを飼ってみた経験のある人もいるかもしれません。アリを身近な昆虫と感じる人も多いのではないでしょうか。

一方で、アリは衛生的な被害や農作物への被害を直接的に引き起こすわけではないですが、家の中などで見つけると不快な気持ちを引き起こすことから「不快害虫」として知られています。

近年では、ヒアリなどの外来種侵入の問題が取り上げられ、一度住み着いてしまうと駆除が困難であり、日本固有の生態系が乱されてしまう恐れがあることが報道されています。私たちがアリを身近に感じることも、害虫として不快に感じることも、いずれも**アリのもつ社会性が鍵**になっています。

私たちと同じように家族をもって一生を過ごすことには親しみを覚える一方、一匹を駆除したところで解決にならないことが多く問題を深刻化させています。

†家族を守るアリ

アリは生まれてから死ぬまで、自分と血縁関係にある家族（コロニーと呼びます）と一緒に暮らし、**女王アリと労働アリという階級を備えた社会**をもっています。

アリの暮らしぶりや生態、行動については次章で紹介しますが、アリは長い歴史のなかで独自の社会構造や社会性行動を進化させてきた一方で、生き物としては遠い位置付けにあるものの、ヒトにも近い社会的な行動を見せることが明らかとなってきています。

アリの触角は、種や社会的立ち位置など、みずからのＩＤを示す化学物質を受容する重要な器官です。

アリは、他者と出会うと、まず触角を使って注意深く相手が何者なのかを探ります。そうすることで、自分の家族と、そのほかのアリをはっきりと認識することができます。外から侵入者が来るとすぐさま攻撃を開始し、殺してしまうことも多々あります。

一方で、家族を守るという行動も多く報告されてきました。自分の家族が窮地に立たされていると、積極的に助けに行くことが知られています。

たとえば砂地に生息するアリは、生活のなかで砂が崩れて埋まってしまう危険があります。アリを無理やりナイロン糸で固定し、砂に埋めた状態を作り出すと、その現場に遭遇した仲間はどのように振る舞うのでしょうか。

地中海沿岸に生息するウマアリ属のアリ（*Cataglyphis cursor*）では、埋まっている相手が自分の巣の仲間である場合、砂を掘ったり、仲間の足を引っ張ったり、ナイロン糸に噛み付いたり、あの手この手で助け出そうとする様子が観察されました。

一方で、埋まっている相手が自分と同じ種類ではあるものの、違うコロニー出身のアリであったり、違う種類のアリである場合などは、このような行動は見られません。

こういった観察から、家族とそれ以外を見分けたうえで、**仲間を積極的に助け出そうとする習性**をもつことがわかってきています。[5]

†治療するアリ

シロアリを集団で襲って捕食する習性をもつ、アフリカに生息するマタベレアリ（*Megaponera analis*）では、またちがった救助行動が知られています。

シロアリへの襲撃では、双方で激しい戦いが繰り広げられ、多くのアリがその最中に怪我を負います。これらの負傷アリは放っておくとその場で死んでしまったり、クモなどの別の敵に襲われて死んでしまいます。

これらの負傷アリが仲間によって助け出され、巣に連れ戻される様子が観察されています。巣に連れ戻されたアリは、仲間から、**抗菌物質などを含む分泌液**を塗布され、治療を受けることができます。そのため、その場で取り残された場合よりも、高い確率で生き延びることができるのです[6]。

最近では、別種のフロリダオオアリ（*Camponotus floridanus*）でも、負傷してしまった仲間に対する治療行動が観察されています。

昆虫の足は5つの節がつながった構造をもちますが、足の付け根に近い部分を負傷した場合、周りのアリは怪我をした足に噛み付いて、根本から切断する様子が観察されました

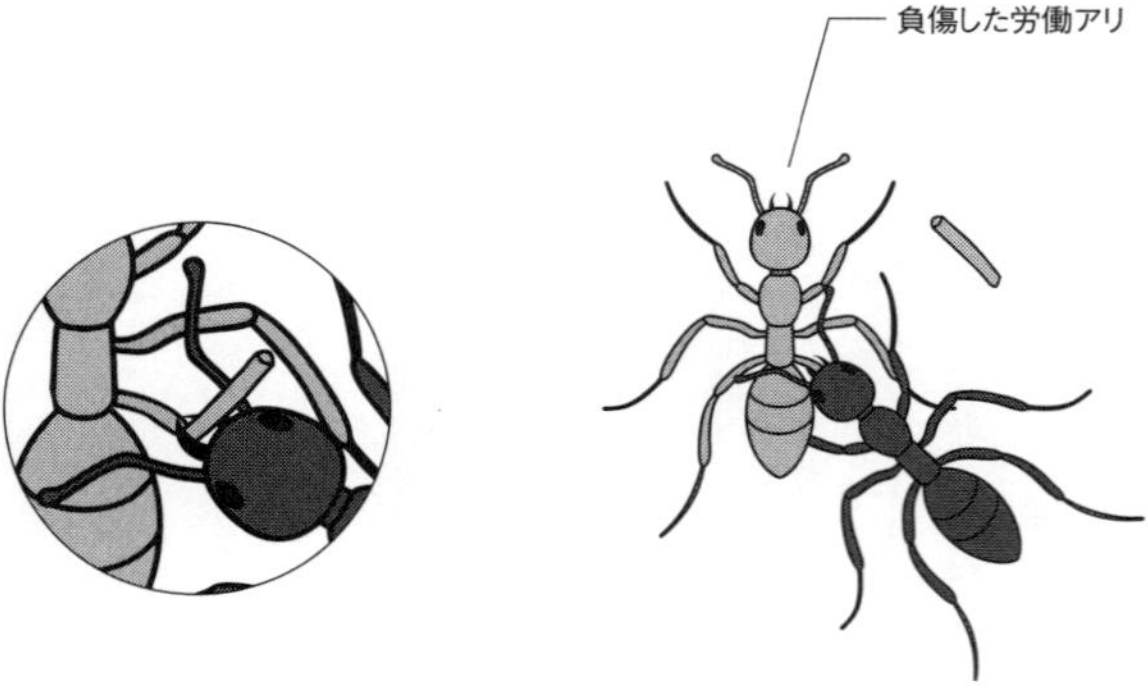

1－3　足に怪我を負った仲間の足に噛みつき、切断による治療を行う様子

（1－3）。足の切断は感染に対するリスクを下げる効果をもつことが明らかとなっていますので、仲間による足の切断は、治療の一環として行われていると考えられます。

さらに、傷が足の先端に近い部分の場合には、足の切断ではなく、感染を防止するための傷口の治療が長い時間行われるなど、アリは傷の状況を見極め、周りの仲間が**適切な治療**をして助けるという社会的な行動を示すことがわかっています。[7]

†感染予防するアリ

仲間と密接に暮らす社会性を持っているが故に、アリも、私たちヒトと同じように感染症の脅威に晒《さら》され、そしてそれを巧みに回避する仕組みを持っていることも明らかとなってきています。

アリの感染実験にはカビを使います。労働アリを連れてきて人為的にカビの感染を起こし、元の家族のもとに返した際の、感染個体と周りの個体の反応を観察します。

感染具合が重篤の場合には、感染したアリは自分の元いた巣には帰らない様子が観察されています。[8] これは、元の巣に戻ってしまうと仲間にも感染し、**巣の滅亡につながってしまうリスク**を回避するための行動ではないかと考えられています。

一方で、感染状態が微弱であり回復が可能な程度である場合には、感染したアリは元の巣に戻っていきます。

巣に残っている未感染のアリたちは、この微弱感染アリに積極的に近づいていき、コミュニケーションします。[9] これは、微弱感染個体と接することで、**私たちヒトにとってのワクチンのような効果**を得ているのではないか、と考えられています。

アリは自らの感染具合（どれくらい重篤か）を判断し、仲間のもとに帰るかどうかを判断するのです。受け入れる側の仲間たちもまた、どのようにその個体と接触するかを推し測っているかのように振る舞うのです。

コロナ禍においても、私たちの社会的コミュニケーションが、ウィルスにとっての恰好の感染ルートとなりうることが実生活のなかで示されてきました。

密接な社会を持って生きるアリにとっても、**感染症との戦い**はコロニーの絶滅をもたらす重要な課題なのです。アリたちは感染とともに生き、状況に応じて柔軟な対策を講じてきたことがわかります。

†アリはいいモデル

家族を守り、感染に対してさまざまな対策を講じるなど、私たちヒトとも似ているな、と感じるところがあったでしょうか。アリは、私たちヒトにも通じる社会性行動を研究するうえで、非常に良い「モデル」となります。

では、なぜアリはこれまで、研究の歴史のなかで「モデル生物」として扱われてこなかったのでしょうか。

その大きな理由は、アリをはじめとする社会性昆虫の多くが進化させてきたユニークな社会性ゆえに、モデル生物にとって最も重要な利点のひとつである**遺伝子を「操作する」ことが困難**であることにあります。

遺伝子を操作するためには、研究室のなかでたくさんの受精卵を準備することや、交配を操作できる、ということが重要な条件のひとつになります。

しかしながら、アリの社会性の大きな特徴のひとつである生殖の分業や、「結婚飛行」とよばれる変わった交配の仕組みが大きなハードルとなっているのです。

次章では、なぜアリがモデル生物として扱われてこなかったのか、その理由を答えるために、まずはその背景となる、アリ特有の社会の成り立ち、そしてアリのコロニー創設から繁栄、終焉までのライフサイクルをご紹介します。

第2章 アリの生活史

アリの生活は、ほとんどが地面の下などで営まれ、その生態の多くは私たちの目に触れることがありません。アリはどのような生活をし、どのようにして生命をつないできたのでしょうか。

アリは世界に1万種以上存在し、社会性や生態も種ごとに異なる点が多く知られています。

ただ1匹の女王アリが中心となって社会をつくる種もいれば、女王アリが複数寄り集まってひとつの社会として一緒に生活する種もあります。私たちヒトにとっても国によって社会のあり方や仕組みが違うように、アリの社会も実に多様です。

ここでは、私が研究に用いている**クロオオアリ**(*Camponotus japonicus*)を紹介します。日本の広い地域に生息し、最も一般的とされるアリのひとつです。

1　クロオオアリのコロニー

クロオオアリのコロニーは、1匹の女王アリと数百から千個体ほどの労働アリから構成

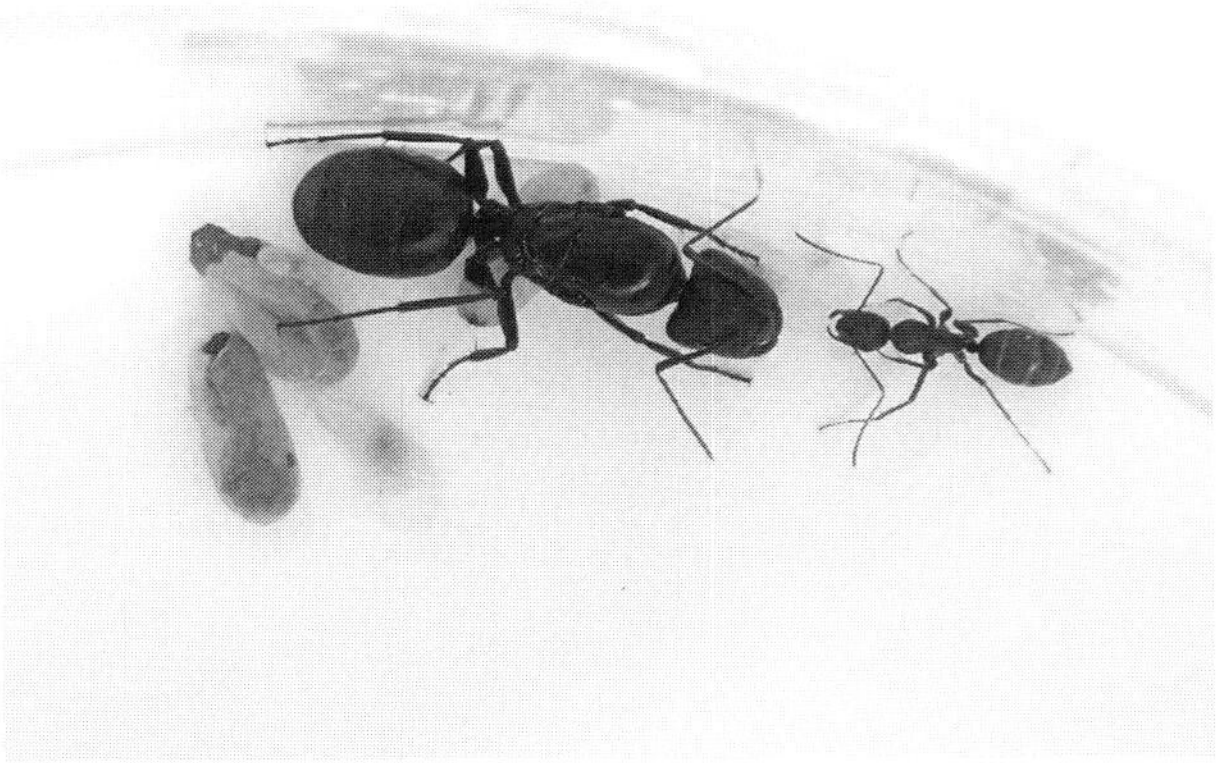

2-1　クロオオアリ（*Camponotus japonicus*）の女王アリ（左）と労働アリ（右）

されます。

コロニーのなかで、卵を産卵するのは女王アリだけです。生殖に特化した階級なので、**「生殖階級」**と呼ばれています。

女王アリは砂や土のなかにある巣に隠れていて、私たちが日常生活のなかで見かけることはほとんどありません。女王アリは大きな体をもち、特に産卵のための卵巣がある腹部が大きく膨らんでいることが特徴です（2-1）。

コロニーの大多数を占める労働アリの体は小さく、ほっそりとした体つきをしています。

労働アリはすべてメスです。子どもを産むことはないことから**「非生殖階級**（また

は不妊階級）」と呼ばれています。労働アリは女王アリが産んだ卵を育て、幼虫や蛹《さなぎ》のお世話をします。

また、アリは自分たちで巣のなかで常にゴミや死骸などを一箇所のゴミ捨て場に集める習性を持ち、一部の労働アリは清掃係を務めます。私たちが普段道端や公園で見かける労働アリは、巣の外に出て活動し、餌探しや見回りを担当しています。

このように、それぞれの労働アリがコロニーのなかで別々の決まった仕事を担う現象を**「労働分業」**と呼びます。

では、「誰が何の仕事を分担するのか？」はどのように決まるのでしょうか。

†アリの労働分業

労働アリの労働分業は、巣のなかで行う子育てなどの内勤と、巣の外で行う餌探しなどの外勤に大きく分けられます。蛹から羽化した労働アリは、若いときには内勤、年をとると外勤へと、仕事内容を変化させることが知られています。

齢依存的な分業が進化してきた意義はなんでしょうか。

大所帯のアリ社会にとって最も重要な存在である女王アリや幼虫、そして若い労働アリを外界からシャットダウンし、できるだけ外界における感染などの危険から守るため、と考えられています。

ヒトの社会として考えるとなかなかシビアなルールではありますが、アリのコロニーでは、自分たちの社会の繁栄、存続のために、年老いた個体は外に出て危険な仕事を担う基本ルールが存在しています。

さらに興味深いことに、この齢依存的な労働分業に加え、アリの社会では**「社会環境依存的な労働分業」**が知られています。

たとえば、外勤に出ていた労働アリの多くが外で死んでしまい帰ってこなかったら、巣で待っているアリたちは餌も得られずに飢えてしまいます。しかし、労働アリに欠員が出ると、もともとは別の仕事を担当していた労働アリが齢に関係なく、速やかにその仕事を補う様子が観察されています。

研究室で飼育している数百の労働アリと1匹の女王アリで構成されるコロニーから、10匹の同じ齢の労働アリを捕まえて別のひとつの箱にいれて飼育をしてみます。

すると、もともとは同じ齢で同じ仕事をしていたはずの10匹ですが、巣のなかで長い時間を過ごす個体、巣の外に出て餌を取る個体、というように再び新しい10匹のメンバーのなかで労働分業が成立する様子を観察できます。

さらに、内勤と外勤の割合はコロニー全体の労働アリの数に関係なく、一定に保たれていることがわかってきました。

たとえば1000匹の労働アリがいる大きなコロニーでは、約200匹の労働アリが巣の外で活動し、残りの800匹は巣のなかで内勤の仕事を担うことが観察されます。労働アリの総数に対して、**約2割が外勤の仕事**を担当しています。また、社会の中には働かないアリが存在し、集団としての社会を長く維持することに有利に働く可能性も示唆されています。

先ほどと同じく、コロニーから10匹の労働アリを一緒の箱にいれて観察すると、2〜3匹の決まった労働アリが餌取りなどの外勤に従事し、残りのアリは巣のなかにとどまります。

労働アリは、「自分たちのコロニーはいま何人家族だから、何人が餌取りにいけばよいね」などという話し合いをしているのでしょうか?

10匹の社会であれば、労働アリたちが話し合っている姿も想像しやすいですが、野生のアリの巨大なコロニーは非常に大きく、複雑な形をしており、全体の数や動きを短期間に把握することは不可能と思われます。

家族の大きさに関わらず、労働分業が一定の割合に保たれる仕組みには、いまだによくわかっていないことが多く残されています。

アリの社会は、女王アリや特定の個体がリーダーとなって全体に対して仕事の指示をしているわけではありません。それぞれの個体が、自分の**周囲の局所情報を手掛かりにして自律的に行動する**ことが、社会全体の群れとしての振る舞いを作り出していると考えられています。

†栄養交換で食べ物をシェア

大きなコロニーでも小さなコロニーでも、社会のサイズに関わらず2割程度の、全体からすると少数の外勤アリが巣の外に出てご飯を調達してきます。

それでは、外に出ていくことがない女王アリや幼虫、多くの巣のなかで内勤の仕事をしている労働アリはどのように食事をするのでしょうか。

アリやハチの社会性の特徴として、これまで説明してきた生殖や労働の分業に加えて、**「栄養交換」**という行動が知られています。その名のとおり、個体同士が栄養を交換し合

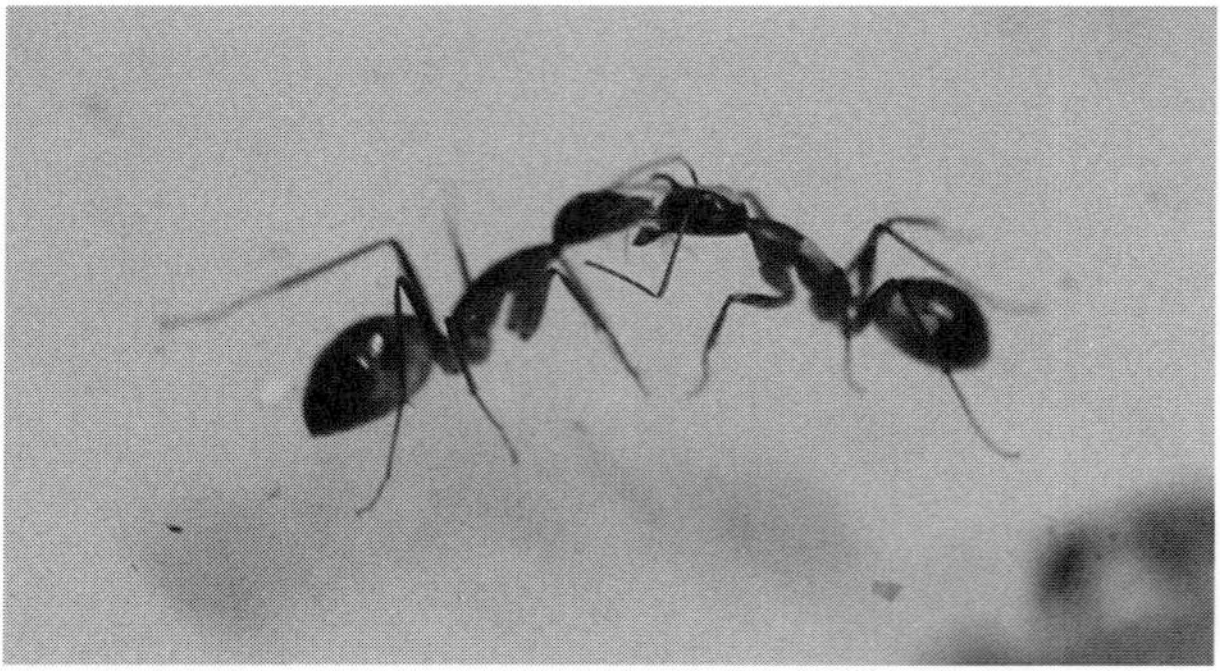

2-2　労働アリ同士が食べものを共有する栄養交換の様子（*Camponotus fellah*）

う行動で、口移しで食べものを分け合う様子が観察されます（2-2）。

研究室のなかで飼育しているコロニーでは、週に1〜2回、卵やハチミツを練り合わせた餌を与えています。

新しい餌を入れてあげると、外勤の労働アリが近寄ってきます。すぐに外勤アリは餌を食べ始め、外からみてもわかるほどに、お腹がパンパンになるまで餌を食べます。

餌を食べ終わったあとの様子を観察していると、おもしろいことに自分の体、特に触角を前足を使って丁寧に掃除しはじめます。

筆者の家では猫を飼っていますが、猫もご飯を食べたあと、「美味しかったな〜」と嚙み締めるように体を舐《な》めて掃除をしている様子がみられます。労働アリもそれと似た行動を見せます。おそらく触角などについてしまった餌などをきれいに掃除しているのかと思われます。

そして、周りにいる個体に近づいていき、まるでキスをしているような様子で口を近づけて、食べた餌を相手に分け与える行動をするのです。

この餌の共有は外勤アリから順繰りに巣のなかにいる内勤アリや幼虫、女王アリにまで続いていき、**巣の仲間全体に餌が行き渡る**、という仕組みをもっているのです。

†メジャーとマイナー

ここまで説明をしてきた内勤、外勤の仕事は、コロニーのなかでもひときわ体の小さい、労働アリのなかでもマイナーと呼ばれる個体が担当しています。公園などで最もよく見かける、小さな労働アリです。

アリを観察したことがある方から、「もっと体の大きなアリをみたことがある、あれが女王アリでしょうか」と聞かれることもあります。残念ながら、女王アリは滅多に地上に出てくることはありません。

それは、体の大きい、そして顎《あご》が大きく発達している労働アリになります。体の大きさから**「メジャーワーカー」**と呼ばれ、大きく強靭な顎を持ち噛む力が非常に強いことから、巣を敵から守る戦いに特化した兵隊アリとも呼ばれています。兵隊アリの運命は幼虫の時期に決まり、蛹から孵《かえ》ったときにはすでに、体のサイズや形態が決まっています。

余談になりますが、研究室で長い間飼育を行っていると、当然外敵もやってきませんので、戦いに特化した兵隊アリは手持ち無沙汰な様子です。せっせと餌取りや子育てに勤しんでいるマイナー労働アリの横で、体が大きなメジャーの兵隊アリは特に仕事をする様子もなく、マイナー労働アリからは「体ばっかり大きくって！」とちょっと邪険にされているような哀愁が漂っています。

労働アリの仕事内容も、住む環境などによって多様化しています。

北米やオーストラリアに生息する、おなかをパンパンに膨れあがらせて体のなかに蜜を蓄える食糧庫のような役割を担うミツツボアリや、中南米に生息する頭の形が平たく広がり、巣の入り口を蓋《ふた》する役割を担うナベブタアリなど、行動や形態がちょっと変わった役割に特化した労働アリが知られています。

2　アリの社会のはじまり

†女王アリはどこからやってくるのか

ここまで、アリのコロニーのメンバー紹介をしてきました。

それでは、このアリの社会はどのようにはじまるのでしょうか。第1章の最後でも触れた、**「なぜアリは操作しづらいのか」**、その理由に迫っていきましょう。

クロオアリの家族の歴史は、その中心にある女王アリたった1匹からスタートします。

それでは、女王アリはどこからやってくるのでしょうか。

アリは多くの場合、土や砂の中や樹木の中、都会ではコンクリートの亀裂の中など、目に見えないところに隠れるように巣を作ります。アリの巣は外環境から比較的守られたところに作られますが、彼らは日々、四季の移ろいを敏感に感じ取っています。

気温が下がり、日が短くなる冬、アリは外で餌をとることが難しくなり、『アリとキリギリス』の童話のように巣にこもって冬を越します。野外で私たちの目にとまることはありませんが、アリの巣のなかでは新しい女王アリやオスアリが誕生しており、次の春、交尾の季節がやってくるのを待っています。

新女王アリは女王アリと同じく蛹から羽化したときにはすでに腹部の発達した大きな体をしています。特徴として、新たに誕生した女王アリは背中〔胸部〕に大きな翅《はね》を一対もっています。

アリコロニーの普段の生活のなかでは、オスアリを見かけることはほとんどありません。さきほどのコロニーの構成メンバーにオスアリは登場しませんでした。

アリの社会は**女性（メス）社会**です。しかしながら、交尾の季節に向けて一年のなかで一時的に、オスアリが誕生してくるのです。

オスアリは兵隊アリと同じくらいの体長を持ちますが、体つきはほっそりとしていて特に頭部が小さく腹部が細い特徴があります。

そして新女王アリと同じようにオスアリもまた胸部に一対の翅を持っています。新女王アリとオスアリの背中の大きな翅こそが**生殖階級の証**なのです。

†結婚飛行

新女王アリとオスアリは、交尾の季節がやってくるまで、生まれた巣のなかにとどまって暮らします。

春から初夏にかけて、天候条件がととのったある日に、空中で新たなパートナーと出会うため、暮らした巣穴から一斉に飛び立ちます。

このドラマチックな巣立ちを**「結婚飛行」**と呼びます（2-3）。

関東地方では、クロオオアリの結婚飛行は4月後半から5月に見られることが多いです。

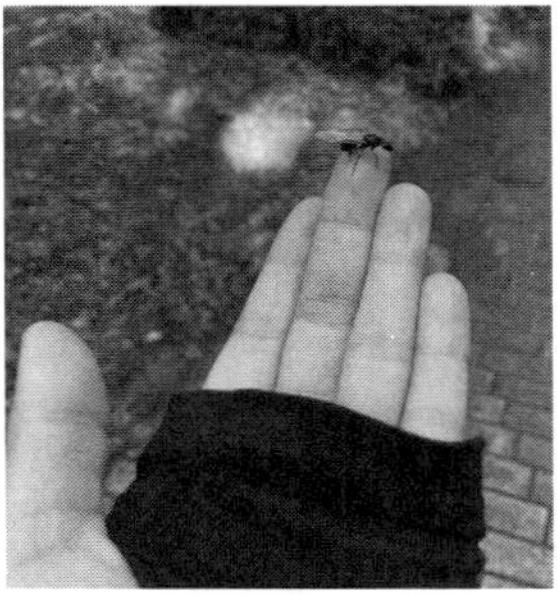
2-3　筆者の手の上から飛び立つ新女王アリ（*Camponotus japonicus*）

結婚飛行の日は、雨が降った翌日、湿気がありながらもよく晴れて、風が静かな日であることが多いと言われています。

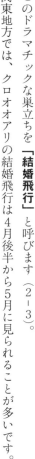

オスアリは結婚飛行で交尾したあと、元の巣に帰ることもなく、死んでいきます。

一方で、空中で交尾を終えた新女王アリは、地上に降り立ち、器用に翅を切り落とし、そこから独立した女王アリとして新たなコロニーを創設するのです。女王アリはたった一人で自分が入るくらいの小さな穴を掘り、巣に姿を隠します。

雨が降ったあとは地面が湿気《しけ》ていて、乾燥した大地よりも掘りやすいことや、風が静かなほうが大きな腹部を抱えた女王アリが飛び立ちやすいなど、**天候条件**は結婚飛行において最も重要な要素です。

観察をしていると、巣穴から新女王アリやオスアリが顔を出し、天気を探り、結婚飛行のタイミングを今か今かと待ち侘びている様子を見ることもできます。クロオオアリの結婚飛行は一年に一度であることが多いですが、ベストな天候条件がなかなか訪れない年など、結婚飛行が数回、小規模で起こることもあります。

いつもはアリの巣がどこにあるのかもわからないような空き地で、あちこちに巣穴が大きく開き、新女王アリやオスアリが一気に飛び立っていく様子は、ちっぽけなアリの姿から生命の神秘と叡智を感じる瞬間です（2-4）。

最近ではXなどのSNSで、「今日は○○地方で結婚飛行見られました！」と情報交換がされていることも多いようです。特にクロオオアリの結婚飛行は全国各地で見られる可能性がありますので、ぜひ一度、アリの結婚飛行を目撃していただきたいです。

2-4　大きく広がった巣穴から顔を出し、結婚飛行のタイミングを窺う女王アリとオスアリ（2024年４月25日、つくば市）（*Camponotus japonicus*）

私たちは、この結婚飛行の日を狙って、研究に使うアリを採集しています。

すでに野外で大きく成長したアリのコロニーを採集し研究に使用することもありますが、地面にどれくらいの巣が広がっているのか、女王アリはどこに隠れているのかわかりませんので、大変な作業です。

結婚飛行の日、下を向いて注意しながら歩いていると、たくさんの翅を切り落とした女王アリが歩いているのを見つけることができます。今年も結婚飛行のあとに地上に降り立った**女王アリを300匹以上**捕まえました。

アリコロニーの創設の説明が長くな

りました。

アリのオスとメス（女王）は自然の状態では結婚飛行という、非常に特殊な条件のもと、交尾をします。つまり、研究室の人工的な環境下で、私たちが意図したタイミングや相手と交配させることが非常に難しいのです。

モデル生物のひとつであるショウジョウバエを例にしますと、飼育する瓶のなかに一定数のオスと未交配の若いメスを入れると、翌日にはメスは卵を産み始め、10日もすれば子ども世代のハエが大量に誕生してきます。

モデル生物にとって遺伝学的な操作を行うためには、この**交配、繁殖の容易さ**がとても重要な条件となっています。

†アリコロニーの繁栄

ここからもしばらくクロオオアリを例として、アリの生活史をご紹介します。

結婚飛行から降りてきた女王アリは、それまで暮らした家族のもとには帰らず、たった一人で、新しい場所で巣を作ります。数日後には産卵をはじめ、数個の卵を育てます。自然界では、女王アリは飲まず食わずで育児に専念し、卵から孵った幼虫を育てます。

2カ月ほどたつと、最初の労働アリが蛹から羽化し、この第一子たちがすぐに女王アリを助ける仕事をはじめます。次の世代の幼虫を育て、餌取りもします。ここまで育児に専念してきた女王アリは、これ以降子育てから解放され、名前のとおり、生殖階級として産卵に専念するのです。

クロオオアリの**女王アリの寿命は10年以上**にもおよび、生涯産卵を続けると言われています。女王アリは結婚飛行のさいに交尾し、そのとき受け取った精子を腹部にある受精嚢《のう》と呼ばれる貯蔵器官に保管し、一生涯使い続けるのです。**労働アリの寿命は1年程度**ですから、女王アリが突出した長寿命をもち、さらにお腹のなかで10年以上精子を保管し続けられるという、他の生物ではほとんど知られていない特殊な性質を持っていることがわかります。

研究室で飼育していると、1年が経過すれば数十匹の労働アリが誕生し、さらに次の年には100匹、数年後には数百匹と、年を重ねるごとに労働アリが増え、コロニーは拡大、繁栄していきます。

アリの飼育というと、市販されているゼリーを使ったアリの巣観察キットや、砂や土を使った飼育方法もありますが、研究室ではシンプルなタッパーやプラスチックケースで飼

2－5　研究室の人工気象器で飼育するオオアリの様子。丸いケースは普段は蓋がされており暗いため、巣として女王アリや幼虫が暮らしている（*Camponotus fellah*）

育しています（2－5）。

アリは通常暗いところで生活するため、遮光フィルターや蓋で覆われた隠れられる場所（巣）を入れます。そのほかに水を供給するチューブを入れ、餌を与えます。

清掃を担当する労働アリが常に飼育ケースの中を見回り、死骸や糞などのゴミを一箇所に集めてケース全体を清潔に保ってくれます。

同じ飼育ケースで長期間飼育することができる点も、研究室での大量飼育を可能とするメリットです。

同じ社会性昆虫では**ミツバチ**も古い研究の歴史を持ち、さらに養蜂業において多くの実績と知見が蓄積した生き物ではありますが、ミツバチの飼育は基本的に野外で行う必要があります。

アリとミツバチはそれぞれに非常に多くの研究者が注目してきた生物ではありますが、研究室で長期間、省スペース、簡便に飼育できるという点では、アリのメリットが大きいかと思います。

✝アリの子育て

少し脱線しますが、ここでアリの子育ての様子もご紹介します。

昆虫の幼虫と聞くと、アゲハ蝶の幼虫、アオムシの姿が思い浮かぶ方もいるかもしれません。幼虫は葉っぱの上を前に行ったり後ろに行ったり、自在に移動しながら葉を食べ、すくすくと育ちます。

実は、アリやハチの幼虫は、**自分で食べることができません**。人間の赤ちゃんと似ていますが、ごろっと転がって内勤の労働アリが口移しでごはんを与えてくれるのを待っています。

自分で自在に動くことができないので、労働アリが口にくわえて安全な場所に移動した

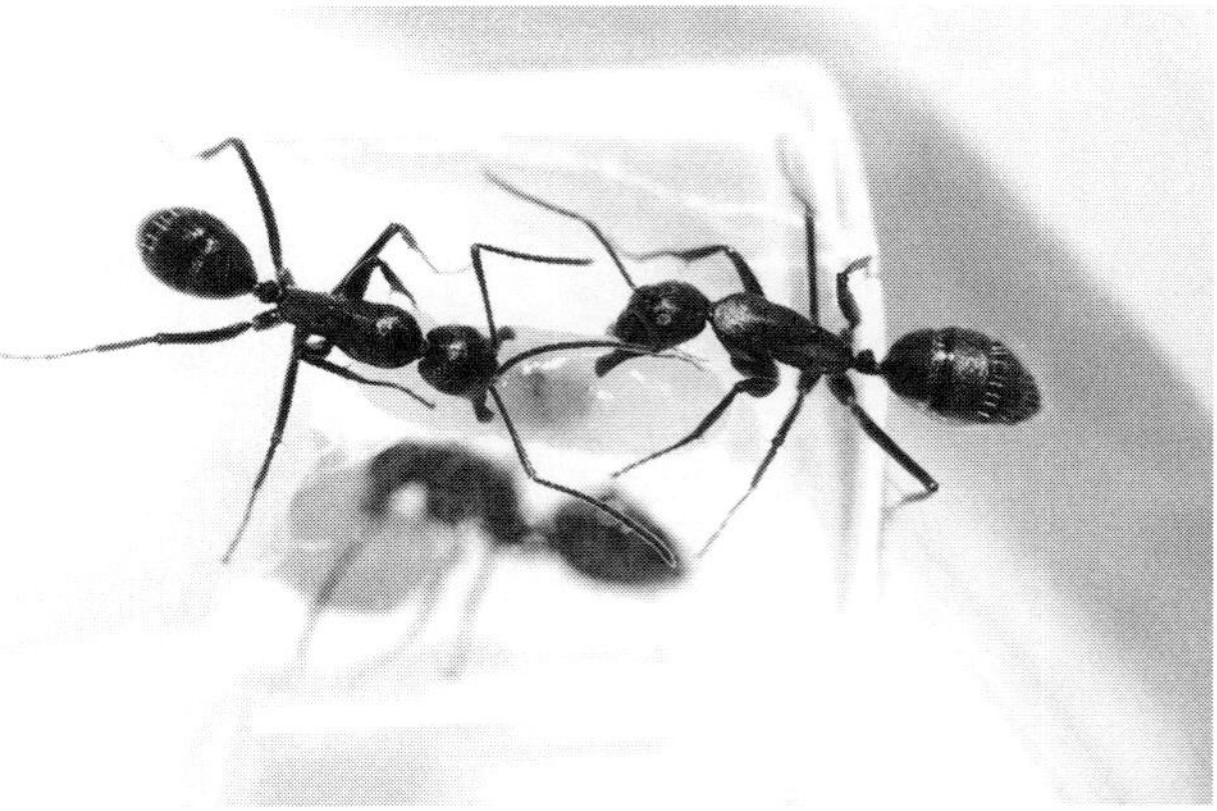

2－6　2匹の労働アリが協力して、幼虫を口にくわえて運搬する様子（*Camponotus japonicus*）

り、体を舐めて清潔に保つなど、さまざまな養育を行います（2－6）。

クロオオアリの幼虫をコロニーから引き離し、糖分の入った寒天培地の上において飼育すると、動き回ることができないので、置かれた場所の周りで寒天をかじる様子が見られますが、幼虫は数日のうちに死んでしまいます。

幼虫は、労働アリのサポートなくしては生き延びることも、成長することもできません。アリやハチの社会では卵として生まれ落ちてから、**一生涯社会の助けを必要とする**ことがよく現れています。

†アリの社会もいろいろ

ここまでクロオオアリを例にしたアリの家族構成・生活史について解説をしてきましたが、アリの種ごとに、その社会のあり方や生殖の様式は実に多様です。

たとえば、クロオオアリは1匹の女王アリと労働アリからなる**「単女王制」**ですが、ひとつのコロニーで複数の女王アリが同居する**「多女王制」**を持つアリや、明らかに体の大きい女王アリは存在せず、労働アリの中から女王アリとして振る舞う個体が現れる**「無女王制」**と呼ばれる社会性も存在しています。

その一例である熱帯や亜熱帯を中心に生息するクビレハリアリ（*Ooceraea biroi*）はすべての成虫がほとんど同じサイズをしており、クロオオアリのような、女王や兵隊といった役割に応じた体の多型はみられません。

労働アリすべてが産卵する能力を持ち、交尾を介さずに自分のコピーであるクローン個体を産卵するという特殊な生殖を行います。クビレハリアリのライフサイクルは産卵期と採餌《さいじ》期からなり、産卵期にはすべての労働アリが卵巣を発達させ、同期して産卵、子育てすることが知られています。

インドクワガタアリ（*Harpegnathos saltator*）は、クロオオアリと同じように、体の大きな女王アリがいる社会性を持っています。興味深いことに、女王アリがいなくなると、残された労働アリの間で女王役に取って代わる個体が出現します。

この女王役に取って代わった労働アリはオスと交尾し受精卵を産卵し、労働アリを作り出すことができます。行動パターンや寿命も延長するなど、途中から運命が変わったにもかかわらず、女王アリのように振る舞うことが知られています。

実は、ここで紹介したクローン個体を作り出すクビレハリアリや労働アリが女王化するインドクワガタアリは、その変わった生殖様式から、研究の世界では大きな活躍の場を見せはじめています。

アリは多くの場合、研究室で交配させることが難しく、遺伝子を操作するための実験が困難であることを述べてきましたが、実は、クビレハリアリやインドクワガタアリはそのハードルを軽々と乗り越えることができるのです。

その理由を以下で説明します。

3　ゲノム編集

†アリで遺伝子を操作する

遺伝子を操作するための実験は、古くからさまざまな手法が開発されてきました。いま研究現場でよく用いられ、また急速に開発と実用化が進んでいるのが**「ゲノム編集」**と呼ばれる技術です。

ゲノム編集とは、ＤＮＡの配列を酵素の働きによって切断し、この切断が修復される過程で遺伝子の配列を意図的に変化させる技術です。遺伝子の配列を変えることで、目的遺伝子の機能を停止させたり、強化することができます。２０２０年にノーベル化学賞を受賞し、現在では基礎研究の現場のみならず、ゲノム編集による農作物や食品の研究開発、そして医療分野への応用を目指した研究が急速に進められています。

ゲノム編集を起こすために必要な材料を受精直後の卵に注射すると、その卵はやがて遺伝子が変化した細胞をもつ個体として誕生します。

受精卵において遺伝子は、父親と母親それぞれから受け継いだ一対（対立遺伝子と呼びます）が存在します。

注射された卵から生まれてくる個体はすべてゲノム編集が起こるか、というと残念ながらそうではありません。受精卵への注射は高度な技術を必要とし、注射された卵が孵らないことも、また、孵ってもゲノム編集が起こらない場合もあります。

さらに、編集された個体のなかでもターゲットとした一対の遺伝子が両方編集される場合もあれば、片方の遺伝子のみが編集される場合もあります。片方の遺伝子のみが編集された個体同士を交配させることでも、次世代において両方の遺伝子が編集された個体を得ることができます。

このように、ゲノム編集技術をはじめとした、これまでに用いられてきた遺伝子を操作する方法では、**遺伝子編集の成功率が100%ではありません**。そのため、遺伝子を操作する実験をはじめるためには、受精卵をたくさん準備する必要があります。また、その作製過程で多くの場合、研究室での交配を挟む必要があります。

アリやハチの社会では卵を産むのは唯一、女王個体のみであり、その産卵の頻度や時期にもムラがあり、研究室のなかで大量の卵を集めることは非常に大変な作業です。さらに、生殖操作が容易ではないアリやハチの多くでは、これらの遺伝子操作技術の応用が困難とされてきたのでした。

しかしながら、交配を介さずに次世代を作り出すことができるクビレハリアリや、研究室でも交配が可能なインドクワガタアリの女王化した労働アリを用いることで、世界で初めてアリのゲノム編集に成功した、という論文が2017年に発表されました。[1]

ゲノム編集に必要な材料を注射しても、多くの卵は死んでしまいます。ゲノム編集が起こる効率もまちまちであり、前述のインドクワガタアリの論文では、1000を超える卵に注射したと報告されています。

最近では、昆虫においてゲノム編集の材料を卵ではなく、**卵を産卵する母個体に注射する方法**が開発される[2]など、これまでに高いハードルとされてきた数々の問題が最新の技術によって乗り越えられるようになってきました。

アリのみならず、地球上には多様な生活スタイルや生体機能を進化させてきた生物がたくさんいます。ゲノム編集をはじめとした技術開発によって、これまで研究室で扱うことが困難とされてきた魅力的な生き物の不思議を解明することが可能となってきたのです。

†アリの「真社会性」は進化に有利?

ここまで、アリの社会では大人（女王アリや労働アリ）も子ども（発生過程にある幼虫など）もみな、社会を必要とし、ともに生活する様子を紹介してきました。

しかし、非常に素朴な疑問として、なぜアリは、ほかの多くの生物ではみられないような、お互いを助ける・必要とする利他的な行動を進化させ、社会性を獲得してきたのでしょうか。

その理解のために、ここではアリやハチといった社会性昆虫の性決定の仕組みについてご説明します。

アリやハチがもつ社会性は一般に**「真社会性」**と定義され、私たちヒトや多くの霊長動物がもつような社会性とは区別されています。

真社会性とは、①女王アリと労働アリといった、繁殖に関する分業カーストが存在すること、②ここまで見てきたクロオオアリの例のように、同じ生物種の個体が複数集まって、共同で子育てを行うこと、そして③親世代から子世代まで異なる世代が社会に共存すること、という3つの条件を満たす場合に使われます。

私たちヒトと最も異なる点は、**繁殖に関する分業**があるところです。なぜ、アリの社会では繁殖の分業が成り立つのでしょうか。労働アリはメスでありながら、自分自身は産卵せず、自分の親である女王アリが産んだ自分の姉妹を育てるという行動を選択したのでしょうか。

さきほどクビレハリアリのクローン生殖をご紹介しましたが、アリは多くの場合、ほかの生物と同じようにメス（女王）とオスの交尾により、産卵がスタートします。

女王アリは受精嚢に保管した精子を使って受精卵を産みますが、この受精卵はすべてメスとして生まれてきます。一方で、女王アリは保管した精子を使わずに未受精卵を産むことも可能で、未受精卵はオスとして生まれることが知られています。このように染色体の数によって雌雄が決定する仕組みを**「半倍数体性」**と呼びます。

実は、この性決定の仕組みこそが、アリやハチで繁殖分業を成立させてきた鍵と考えられています。

個体同士の遺伝子の共有の度合いを**「血縁度」**と呼び、一般に親子間の血縁度は父方と母方から半分ずつ染色体を引き継ぐことから、2分の1（0・5）となります。仮に労働アリが子どもを産んだとすると、自分と子どもの血縁度は2分の1（0・5）になります（2－7）。

しかしながら、親である女王アリが産んだ姉妹との関係は、オスが半数体であることにより父由来の同じ染色体を引き継ぐことから、血縁度が4分の3（0・75）となり、自分が産む子どもよりも同じ遺伝子を持っている確率が高くなります。

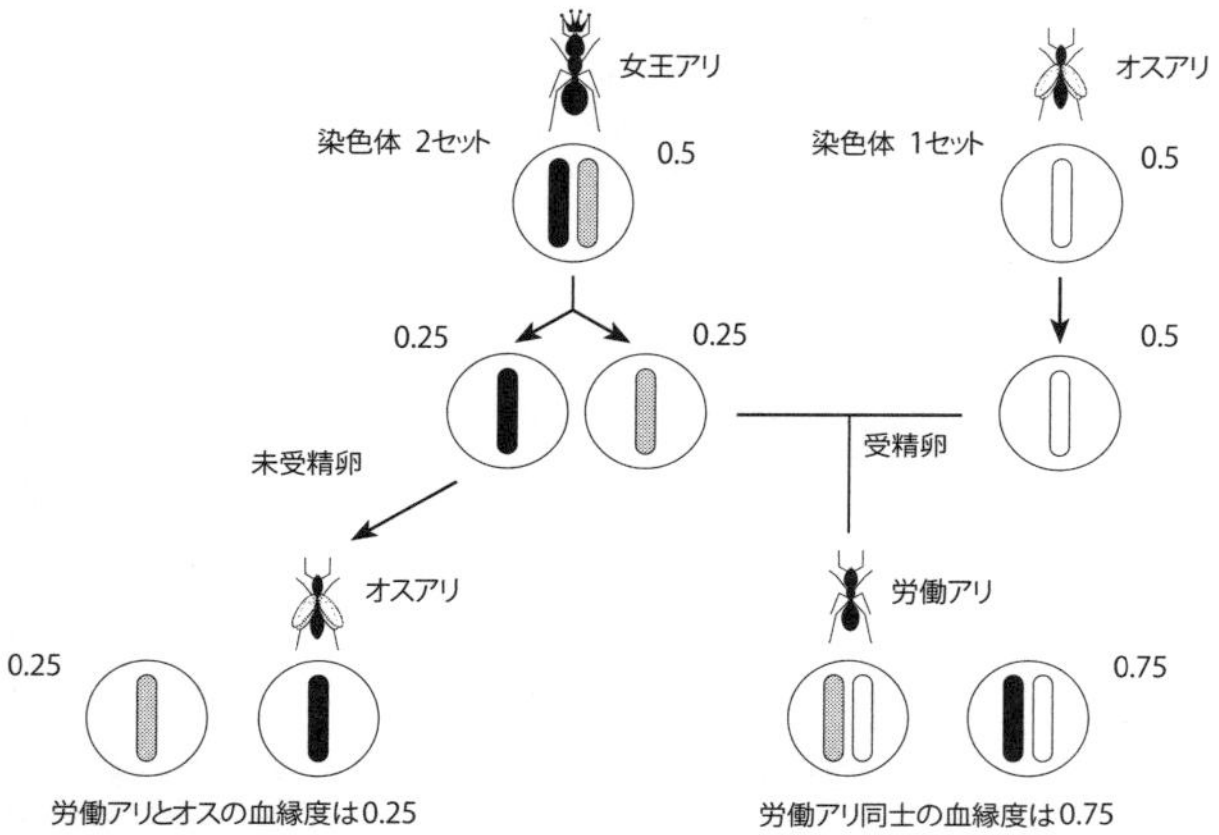

2－7　半倍数体性と血縁度の関係

自分で子どもを産むよりも、女王アリが産んだ姉妹の子育てを助けるほうが自分に近い遺伝子を次世代に残すことができるため、労働アリというカーストが進化してきたと考えられてきました。姉妹間の血縁度に由来し、イギリスの進化生物学者であるハミルトンが提唱した**「4分の3仮説」**と呼ばれています。

一方で、真社会性の進化を半倍数体性と結びつけたハミルトンの仮説に当てはまらない生物が知られています。

キクイムシ類ではアリやハチと同じように半倍数体の性決定の仕組みをもっていながら真社会性をもたず、その前段階の社会性とも考えられる**「亜社会性」**をもつ種が知られています。亜社会性は親子が一緒に生活するものの、真社会性に見られる社会的な分業カーストをもたない、という違いにより定義されています。一方で興味深いことに、キクイムシのなかにはオスもメスも二倍体（両性二倍体と呼びます）でありながら、真社会性をもつ種も知られています。

そのほかにも、二倍体性であるにもかかわらず真社会性を進化させた生物として、シロアリが知られています。アリやハチはハチ目に属するのに対して、シロアリは名前にはアリとついており、アリとも似た社会性があることが広く知られているものの、系統的にはゴキブリ目に属しています。

シロアリの真社会性はアリやハチとは独立して進化の過程で獲得されてきたものと考えられています。最も大きな違いとして、アリは女系家族で社会を築くとご説明してきましたが、シロアリの社会には女王だけではなく、王が存在します。

二倍体であるシロアリでは、姉妹に対する血縁度は、私たちヒトと同じように0・5であり、自分で産卵することを差し置いて姉妹を育てるメリットが見当たりません。この謎を解く仮説として**「一夫一妻」**制度が有力とされています。[3]

自分自身が血縁のない相手と交配した場合、生まれてくる子との血縁度は0・5であり、同じ両親から生まれた兄妹や姉妹の血縁度と同じです。自分で産むのも、自身で産まずに兄妹姉妹を育てることも等価になりますが、自分がもといた家を出て、新たにパートナーを見つけて産卵することのリスクが大きい場合などには、家に残って兄妹姉妹を育てる役割をするほうがメリットが大きく、そちらを積極的に選択すると考えられます。

また、もし両親が一夫一妻ではなく、複数の相手と交配をする場合には兄妹姉妹の血縁度は0・5よりも低くなるため、より高い血縁度をもつ自分の子を産むほうが選択されます。「一夫一妻」制度が自身の生殖よりも兄妹姉妹を育てる階級が存在する真社会性の進化を加速させてきた要因のひとつと考えられています。

一夫一妻制は真社会性をもつハチ目でも共通しており、[4]二倍体性をもつシロアリだけでなく、半倍数体のアリやハチの真社会性の進化要因にも関わると考えられています。

ここまで、長い進化の歴史のなかで種の繁栄を支えてきたユニークな社会性を紹介してきました。ここからはアリの社会としての営みから、さらに焦点をしぼって1匹1匹のアリの一生と社会の関わりを見ていきましょう。

第3章

孤立アリは早死にする

ここまで、アリ社会の構成員である女王アリ、労働アリ、そして発生過程にある幼虫がそれぞれに生きるために社会を必要とし互いに助け合いながら生きる様子を紹介してきました。

アリやハチといった社会性昆虫は、卵として産み落とされ、発生を進める間にも、そして蛹から羽化したあとも、死ぬまでずっと社会との関わりを持って生きています。

私たちヒトのように一生涯、また何世代にもわたって家族と密接に生活するアリは、社会と健康、社会と寿命の関わりを知るための良い「モデル」となりうるのです。

ここからは自然界でみられるアリの暮らしから少し離れて、**「アリにとって社会とは？」**という疑問に答えるために、研究室で取り組んできたさまざまな実験を紹介します。

1　1944年の論文

社会性昆虫が社会を失ったとき、何が起こるのでしょうか。

実はこのとても素朴な疑問に対して、今から80年以上も前に発表された論文のなかで答えが示されています。

フランスのGrasséらは、アリやハチ、シロアリといった複数の社会性昆虫の労働階級を1匹、2匹、3匹、5匹、10匹と、ひとつのケースで飼育する労働階級の個体数を変化させて、それぞれの個体がいつ死ぬのかを調べました。その結果、同居するメンバーの数によって、個体寿命が大きく変化することを発見しています。[1]

たとえばムネボソアリ（*Leptothorax*）では、10匹で飼育すると20日が経過しても半数以上が生存していたのに対し、1匹で飼育すると約5日で半数の個体が死に至るなど、劇的な寿命の短縮を報告しています。

しかしながら、**なぜ1匹になったアリがあっという間に死んでしまうのか**、その理由はその後長い年月の間、不明なまま残された課題でした。

私はこの80年以上も前に発表された論文を参考にし、最新の生物学的な実験手法を駆使してなぜ1匹になったアリが死んでしまうのか、という問題に取り組んできました。

†自死する細胞

少し脱線しますが、私がなぜアリの孤立の研究を始めたのか、私が現在の研究テーマに至った経緯を学生時代の研究も含めてご紹介します。

私は大学4年時に卒業研究生として、当時、東京大学薬学部に着任して間もない三浦正幸教授の研究室に入り、研究生活をスタートしました。

三浦先生は培養細胞やショウジョウバエ、マウスを研究モデルとして、細胞が自殺をする**「細胞死（アポトーシス）」**という現象の解明に世界の第一線で活躍されており、私も分子生物学や発生生物学とよばれる研究分野の門戸を叩くこととなったのです。

そこで私は、発生過程において神経細胞が生まれてくる仕組みに注目しました。ショウジョウバエの背中には、よく観察すると小さな毛がたくさん生えています。

これは私たちの髪の毛とは違って、表皮の下にはそれぞれの毛に神経細胞が接続しており、化学シグナルや物理的刺激を受け取るための感覚器（外感覚器と呼ばれます）として働くのです。

よくみると、背中には毛が一定の間隔で整然と並んでいるのがわかります（3－1）。外界からの刺激をうまく受け取るためには、この毛同士が密集していたり、ぶつかってしまうと不都合があるため、背中いっぱいに一定の間隔で、毛すなわち感覚器が配置されているのです。

ひとつひとつの外感覚器は、外からみると単純な形をした毛のように見えますが、皮膚の下には神経細胞や神経細胞を取り囲むグリア細胞、そして毛を形作るシャフト細胞、毛穴を作るソケット細胞という4種類の細胞が1セットとなって存在し毛を形作っています。これらの4種類の細胞は、外感覚器前駆細胞（Sensory Organ Precursor cell、略して**SOP細胞**）と呼ばれるひとつの母細胞から分裂して誕生してきます。

では、外感覚器のおおもとになるこのSOP細胞はどうやって生まれるのでしょうか。どのようにして、このSOP細胞が誕生する場所が決まるのでしょうか。

SOP細胞は、もともとは背中を形作っている表皮になる細胞（上皮細胞）が神経細胞へと運命をスイッチさせる（分化とよびます）ことで誕生してきます。

3－1　ショウジョウバエ胸部の外感覚器

密集した上皮細胞のなかで、ある細胞が「私は神経になります！」と手を挙げると、神経細胞になるために遺伝子がオンになります。そして神経になった細胞は同時に周りにいる細胞に「お前は神経になるなよ！」というシグナルも伝えます。

そうすると誕生した神経細胞の周りには一定の抑制がかかったフィールドができますが、その抑制効果が届かない場所では、また別の細胞が「はい、私も神経になります！」と次々と新しいＳＯＰ細胞が誕生します。この繰り返しによって、背中一面の上皮シートに一定の間隔で、毛のもととなるＳＯＰ細胞が並ぶこととなるのです。

この仕組みは「**側方抑制**（lateral inhibition）」と呼ばれ、普遍的な発生生物学の原理として教科書にも掲載されています。ショウジョウバエの背中の感覚器のみならず、さまざまな生き物の形作りにも、同じ原理が使用されています。

私は、ショウジョウバエの蛹期に背中になる領域にＳＯＰ細胞が誕生し、感覚毛ができあがるまでの一連のプロセスを観察しました。ＳＯＰ細胞になる細胞にだけ限定して蛍光タンパク質を発現させることによって、生きたまま、顕微鏡を用いて長時間細胞の様子を**ライブイメージング**によって観察することができるのです。

すると、「はい！」と誕生した神経細胞のすぐ近くにも、同じようなタイミングで「はい！」と手をあげてしまう細胞が存在することがわかりました。しかしながら、近い位置にできてしまったＳＯＰ細胞はどちらかが自殺シグナルを発動し、あっという間に死んで消えていってしまう様子が見えてきました。

蛹から羽化した成虫は、理路整然と、感覚毛が一定間隔に並んでいる背中ができあがっているように見えます。実は、その形作りの途中段階を細かく見てあげることによって、細胞同士がコミュニケーションし、勝ち負け、この場合は生きるか死ぬかに直結する運命を、互いに探り合いながら決定する様子が初めてわかったのです。[2]

小さな細胞ひとつひとつが周りの細胞と密接な関わりを持ち、最終的に美しく、かつ機能的な生物が形作られる様子にとても感銘を受けました。

そして、この細胞をひとつの生き物として置き換えたときに、個体同士が社会的なコミュニケーションを介して自分の行動や生理的な機能、そして生死の運命を決めるような仕組みがあるのか、より高い次元での生命現象を明らかにしたいと思うようになりました。

そのため博士課程を修了したあと、アリをはじめとする社会性昆虫を対象とした生態学研究の第一人者であった、スイスにあるローザンヌ大学のローレント・ケラー教授の研究室で新たな研究をスタートしたのです。

†アリの行動を観察する

前章でもふれた社会性昆虫の複雑な生態や行動は、非常に古くから研究者が興味を持ってきた課題でありながら、アリやハチの行動を観察する手段はビデオ撮影による目視観察が主流でした。

アリ同士が接触した回数をビデオを見ながら数える、といっても、人の目ではできる数に限界があります。アリとアリを出会わせてから10分間に区切ってカウントするなど、アリがどれだけ複雑な社会的コミュニケーションをしていたとしても、技術的に取得できるデータの量には限界がありました。

この問題を解決するために、ローレント教授の研究室では新たな**行動解析システム**の開発が進められていました。

私たちが日常的にスマートフォンで使用する二次元バーコードを1㎜以下の小さなサイズで印刷し、アリの胸部に貼り付けることで、それぞれのアリを識別して行動を長期間に渡り観察できるシステムです（3-2）。

これにより、これまでの技術的限界を突破し、複雑なアリの行動やコミュニケーションの様子が大規模に、かつ長期間測定できるようになったのです。

私が留学した2011年には、この行動解析システムの原型がすでに完成していました。

しかし一方で、このシステムを使ってどのような現象に注目したらよいのか、まだ模索段

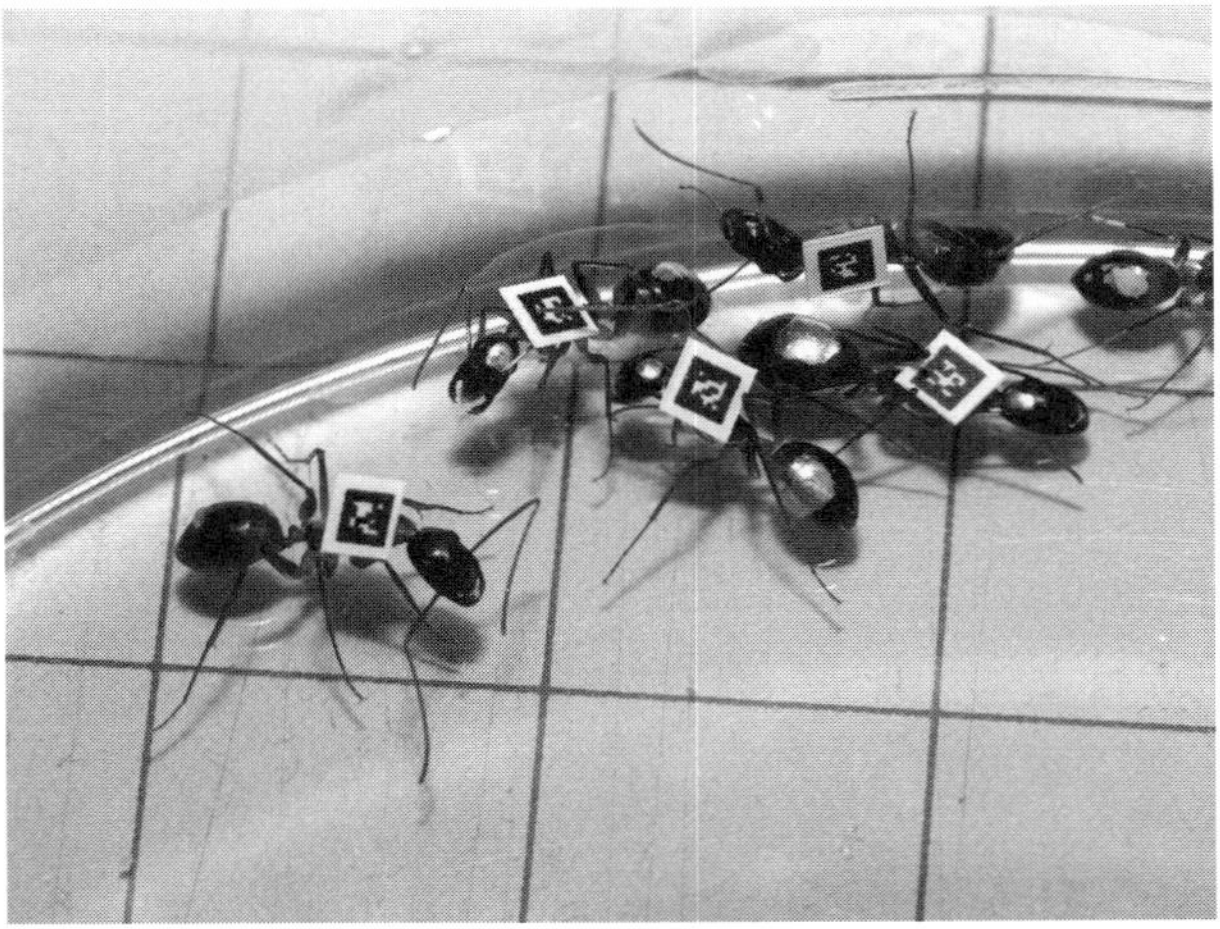

3-2　二次元バーコードを胸部に貼り付けたオオアリの様子（*Camponotus fellah*）

階にありました。

ローザンヌ大学はスイスの州立大学であり、ヨーロッパ各国やアメリカ、アジアと世界各地から留学生が集まっています。スイスは日本の九州ほどの小さな国ではありますが、地域によってフランス語、ドイツ語、イタリア語、ロマンシュ語という4つの異なる言語が使われています。

ローザンヌはフランス語圏であり、留学生が多く国際色豊かとはいえ、フランス語圏から多くの人が集まっていました。研究のセミナーや議論は英語でされていましたが、日常的な会話は、ふとするとフランス語になっている場面が多々ありました。

私の英語力は生活するには困らないレベルではありましたが、フランス語はまったくわからない状態でした。さらにアリを扱う研究は初めてで、留学したばかりの時期はうまくコミュニケーションがとれず、自分の研究テーマの設定もままならないような、非常に不安な日々を過ごしていました。

そんな折、研究室の同僚から、80年前に発表されたGrasséらによる孤立による寿命短縮の論文を紹介されました。実はその論文もフランス語で書かれたものだったのですが、同僚たちに内容の理解を助けてもらい、労働アリ10匹と1匹それぞれを飼育したとき、どんな行動をしているのか観察するという実験をスタートしました。

数百個体を同時に観察できるという非常に高解像度の行動解析システムなので、少々宝の持ち腐れの感もありましたが、すべてが初めての体験であった私にとっては、幸運にも、非常にシンプルでありながら長年未解明であった、重要な研究課題に出会うことができたのでした。

かつて博士課程でショウジョウバエの背中の細胞ひとつひとつの動きをライブイメージングで観察したように、今度は**アリ1匹1匹の動きをライブイメージングする**ことに挑戦したのです。

†孤立アリはやっぱり短命

ここから紹介する孤立に関する実験では、*Camponotus fellah* という中東やアフリカに生息するオオアリを使用しました。*Camponotus fellah* は前章で説明したクロオオアリと近縁にあり、単女王制で社会性行動や習性も類似していることがわかっています。

バーコードを使った行動解析をスタートする前に、まずは80年以上前の論文で報告されている**「孤立アリの早死には本当に起こるのか？」**ということを検証しなければいけません。

Grasséらの論文では野外から採集してきた労働階級のアリやハチを使って実験していましたが、ローレントのグループでは野外から結婚飛行を終えた女王アリを採集し、研究室のなかで飼育し、コロニーを大きく育てて実験に使っていました。

食べ物や生活習慣は私たちヒトの健康に大きな影響を与えますが、アリにおいても同様です。

野外でいろいろな食べ物をとって、常に外敵や感染の危険に晒されている個体と、研究

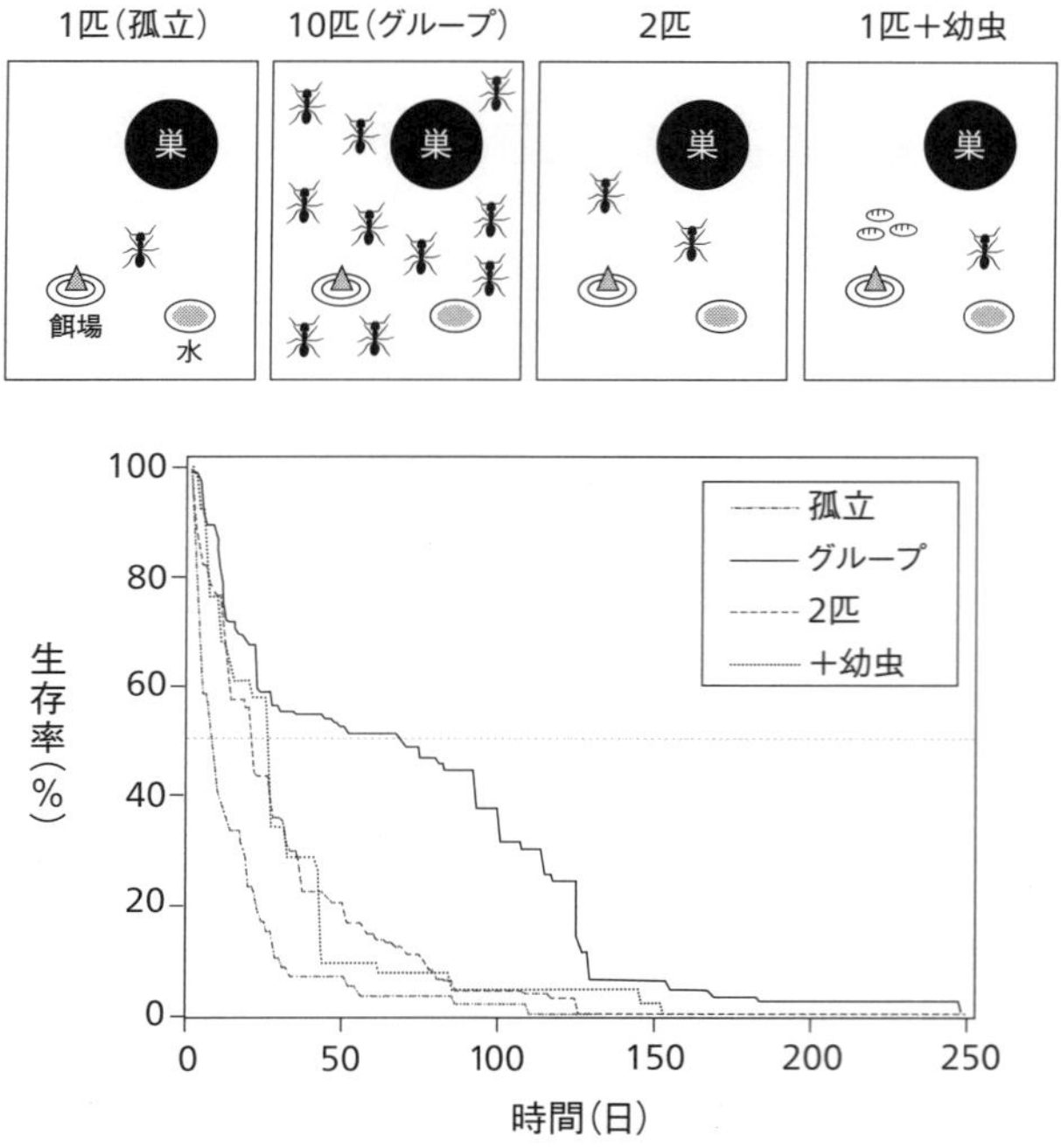

3－3　さまざまな社会環境における労働アリの寿命変化

室で決まった餌、決まった環境で育てられてきた個体では、もともとの健康状態も大きく違っていると考えられます。

もしもそういった要因が寿命変化に影響を与えるのだとすると、Grasséたちの実験結果が同じように再現できない可能性も大いに考えられました。

しかし、こういった心配も杞憂《きゆう》に終わり、10匹飼育と1匹飼育の箱を準備し、日々、飼育箱をのぞいて生存確認を行っていくと、やはり1匹で飼育する労働アリはあっという間に死んでしまうことがわかりました[3]（3－3）。

10匹のグループで飼う場合も、1匹で飼う場合も、いずれも飼育箱のなかには餌場や水飲み場、そして屋根におおわれた隠れ場所となる巣をセットしており、一人であっても生きるために必要なものは揃っている状態で飼育をしています（3－4）。

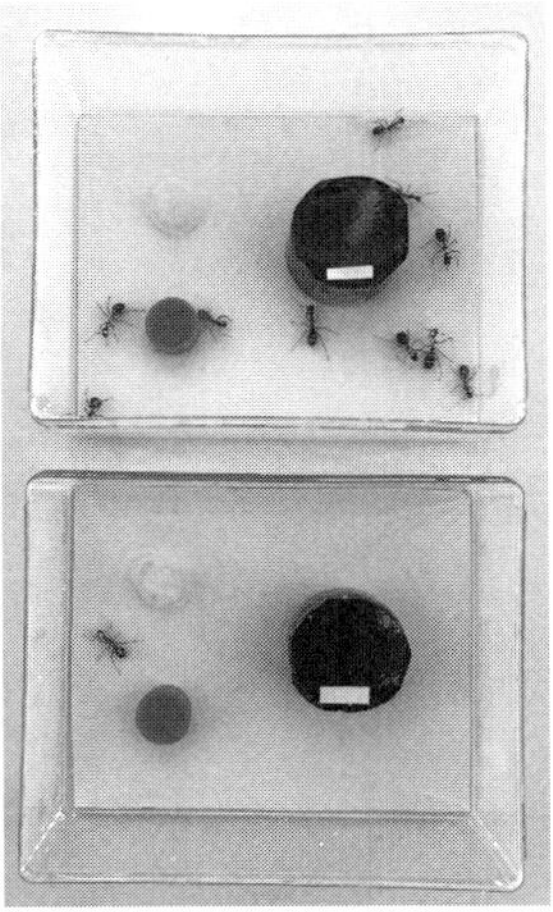

3－4　10匹のグループ飼育（上）と1匹の孤立飼育（下）の様子。大きい丸は横から出入りができる巣。小さい皿（左下）には水が入っており、卵や蜂蜜を合わせた練り餌（左上）を与えて飼育する

それにもかかわらず、グループで飼育する労働アリは約67日で実験した個体の半分が死に至るのに対して、孤立アリは約7日で半数の個体が死んでしまうことがわかりました。孤立アリの寿命は、グループアリの**約10分の1程度**にまで短くなっていました。

また、2匹の労働アリを一緒に飼育したときは約30日程度で半数の個体が死に至り、10匹のグループ飼育と孤立飼育の中間的な長さの寿命を示すことがわかりました。この点もGrasséたちの論文と同じ結果を再現することができました。

2 ウロウロする孤立アリ

†お年寄りほど孤立ストレスに弱い

研究室では、毎月新しく生まれてきた労働アリの胸部や腹部にマーカーペンで色をつけて、何月に生まれたのか識別できるようにして飼育しています。大きな家族のコロニーを見ると、さまざまな色に塗られたアリが一緒に暮らしていて、とてもカラフルでにぎやかです。

注意して労働アリの色を見てみると、たとえば最近生まれたばかりの赤色で塗ったアリは、ほとんどの個体が巣のなかで女王アリや幼虫に寄り添って暮らしているのに対し、ずいぶん前に青色に塗った個体はみな、巣のなかには入らず外で餌をとったり見回りをしています。

社会性昆虫の習性としてよく知られている個体の月齢に依存した仕事の変化を、視覚的にもはっきりと見てとることができるのです。

それぞれの労働アリの月齢をはっきりさせたうえで、孤立環境における反応をみてみると、若い個体も年をとった個体も、孤立環境ではグループ環境と比較して早く死ぬことが共通して見られました。

しかしながら、死に至る時間を調べてみると、**年をとった個体ほど、より早く死んでしまう傾向**がありました。

もともと年をとっているのだから当然のようにも感じますが、グループの10匹で飼育しているときには、若いグループ飼育のアリと比較してその寿命に大きな差がありません。より年をとっている個体ほど、孤立ストレスを受けやすく、寿命への影響がより強く現れることがわかりました。

†仕事があると孤立を感じにくい？

労働アリの数を変えて飼育する以外に、1匹になった労働アリの短命を救う方法はないだろうか。そう考え、1匹の労働アリと数匹の幼虫を一緒に飼育してみました。すると、1匹飼育をしたときよりも労働アリの寿命は長くなり、約22日で半数の個体が死に至ることがわかりました（3－3）。幼虫がいない孤立した条件と比べると、約3倍ほど寿命が延びていました。

なぜ一緒に暮らす労働アリの数が変わったり、幼虫と一緒に過ごすことで労働アリの寿命が変化するのでしょうか。

孤立アリの短寿命はどのような意味をもち、私たちの社会と健康の関わりを考えるうえで、どのようなメッセージをもっているのでしょうか。

一般に、労働階級の個体はメスでありながら交尾をすることはなく、自分で子どもを産むことはありません。子孫を残すという、生物にとって最大の目的を自分自身では果たすことができない労働アリにとって、生きる意味とはなんでしょうか。

それはコロニーに所属し、女王アリが産卵した自分の姉妹を育てコロニーを繁栄させることによって、自分と血のつながりが濃い個体を増やすことにあります。

コロニーから引き離された労働アリは、**生物の根本原則における生きる意味**を失った、ともいえます。それは1匹でコロニーから隔離された個体も、2匹や10匹で隔離された個体も同じです。

それでも、同居する仲間の数によって寿命が大きく変わるということは、子孫を残すという目的とはまた別の、グループで暮らすことによる寿命や健康に対するプラスの効果があることを意味しているのかもしれません。

また、アリの幼虫は、自分で動き回って餌を探したりすることができません。孤立した労働アリは、幼虫が一緒にいることで、子育てをしなければいけないという社会的な役割が発生すると考えられ、それが寿命にプラスの効果をもつのかもしれません。単に幼虫と一緒にいるというだけで、労働アリの行動変化とは別の理由によって、生存に有利である可能性もあります。

労働アリは幼虫に栄養交換によって餌を与える一方、幼虫から労働アリへと餌が受け渡されることも知られています。幼虫の体内で消化、代謝された成分が成虫に返され、エネルギー変換や代謝の一部を幼虫が担い、社会に貢献している可能性も報告されています。労働アリと幼虫の関わりがなぜ寿命にプラスに働くのかという問題は興味深い一方、労働アリ同士の飼育よりも、さらに複雑な仕組みを考える必要があるのかもしれません。

ここからは、1匹飼育の孤立アリと、十分な寿命延長が見られた10匹のグループ飼育アリ（グループアリと呼びます）に焦点を絞ります。

それぞれの社会的な環境変化のなかで、労働アリがどのような行動をして過ごしているのか。二次元バーコードを使って、1匹1匹の行動をモニターすることで明らかにしていきます。

†グループアリの新しい社会

孤立アリの行動を詳しくみていく前に、まずは10匹のグループアリの様子に注目してみていきましょう。

行動解析の実験では、アリの胸部に貼り付けた二次元バーコードが撮影した画像のなかでどこに位置していたか、その**座標と時間の情報**を抽出することができます。グループや孤立の労働アリをいれた飼育箱のなかで、アリはどういった場所で長い時間を過ごしているのでしょうか。

10匹になったグループアリは、女王アリや幼虫、そして数百匹を超える労働アリとついさっきまで一緒に暮らしていたのが、突然、たった10匹のメンバーで見知らぬ場所に来てしまったような状態です。

コロニーでは若い個体が巣のなかで子育てをし、老齢の個体が巣の外で餌取りなどの仕事をするという社会の秩序がありましたが、新しい10匹のメンバーはどのように振る舞うのでしょうか。

それぞれの振る舞いを調べると、10匹のうち2、3匹が、巣の外で長い時間を過ごしていることがわかりました。これらの労働アリは、新しいメンバー構成のなかで餌取りや見回りなどの外勤の仕事についたことが予想されます。驚くべきことに、この**新しい秩序ができるまでに1日もかからない**ことがわかりました。

メンバー構成ですが、元のコロニーから年齢のわからない労働アリをランダムに10匹連れてきた場合も、同じ月に生まれた労働アリを10匹連れてきた場合も、どちらも同じように、短時間で仕事の割り振りが決まる様子が観察されます。10匹で、相談して決めているのでしょうか。

なぜこのような全体に対して**決まった割合の仕事分担**がすぐに成り立つのか。仕組みはまだわかっていませんが、グループアリが新しい環境で迅速に仕事分担を割り振りできる様子が見えてきました。

通常のコロニーでは、暗い巣のなかには女王アリや幼虫がいて、巣のなかで過ごしていても、ぼんやりしているわけではなく、子育ての仕事に従事しています。

一方で、10匹で飼育するグループアリは、女王アリや幼虫がいないにもかかわらず、暗い巣のなかで多くの時間を過ごしており、一見ぼんやりと過ごしているように見えます。幼虫や女王アリがいなくても、労働アリ同士が集まると、固まって安全な場所で過ごすことを好むようです。

✝ウロウロする孤立アリ

一方で、1匹になった労働アリはどうでしょうか。

グループアリとは異なり、孤立アリは巣のなかで過ごす時間が顕著に少なくなります。グループアリの労働分業が1日のうちに迅速に成立するのと同じように、孤立アリもまた、孤立環境にさらされた1日目から**巣のなかに入らない**という行動の変化をみせはじめました。

詳しく調べてみると、巣の外での過ごし方にも変化がありました。孤立アリは巣の外で、特に飼育ケースの壁際に長く滞在する傾向があり、また、グループアリにくらべて長い距離を歩き、そしてより早い速度で動いていることがわかりました。

グループアリは、女王アリや幼虫がいなくても、巣のなかで長い時間過ごす様子が観察されました。孤立アリは、巣に入ってみても、そこには誰もいません。巣のなかに入っても、短時間で出てきてしまいます。

昆虫は、光に対して好んで近寄っていく性質をもつ種類、逆に光を避けて逃げる性質をもつ種類が存在することが知られています。「飛んで火に入る夏の虫」と言われるように、夜の公園の電柱には蛾《が》など光を好む虫がたくさん集まってきます。一方で、夜道を歩いているると昼間の光を嫌うゴキブリなどに出会います。

アリは普段は暗い巣のなかで大半の時間を過ごす性質をもっていますが、性質として暗い場所が好き、というよりも、女王アリや幼虫、そして労働アリの仲間と一緒にいることが巣のなかで過ごす理由になっているのかもしれません。

このような孤立アリの行動の変化は、いったい何を意味するのでしょうか。

アリの気持ちを聞くことができませんので、あくまで私たちは動きをみて、想像することしかできません。少し感傷的な見方をすれば、ついさっきまでは多くの家族と暮らしていたわけですから、閉じ込められた部屋の壁際で仲間を探そうとしているようにもみて取れます。

私たちヒトも、たとえば大学の授業や病院の待合室で後ろや端っこの席から埋まっていく傾向がありますし、電車の座席でも、端の席が空いていればそちらを選ぶ意識が働くように思います。アリも同じようにすみっこにいると落ち着くのでしょうか。

アリの様子をみて気持ちを推測するのは楽しい時間なのですが、研究の目的は孤立したとき、何が原因でこのような行動の変化を起こすのか、その仕組みを理解することにあります。

なぜ孤立アリが死んでしまうのか、なぜ巣の外で**ウロウロ行動**をしてしまうのかを理解するためには、その原因を同定しなければなりません。

そして、その原因を取り除いてやることで、孤立アリの短寿命やウロウロ行動を元気な状態に戻すことができるのか、実験で証明する必要があります。

3　トランスクリプトーム解析

†お腹の調子がわるい孤立アリ

孤立アリはウロウロ歩き回ってしまい、巣のなかで立ち止まっている時間が減ってしまいます。エネルギーをたくさん消費している状態です。消費したエネルギーを補うだけの食事ができているのでしょうか。

二次元バーコードを使った行動解析の実験では、巣のなかや壁際で過ごす時間だけでなく、餌場で過ごす時間や水飲み場で過ごす時間も測定することができます。グループアリと孤立アリでは、いずれも大きな差がみられませんでした。

また、前章でご紹介したように、アリは口移しで餌や水をお互いに与え合う栄養交換を行うため、単に餌場や水飲み場に滞在した時間を測るだけでは餌や水の摂取量を測定することができません。

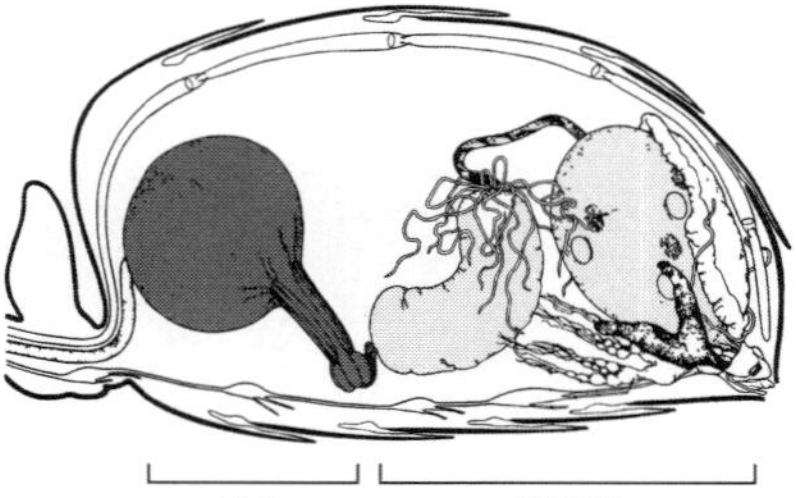

3－5　アリ腹部にある素嚢（濃いグレー）と消化管（淡いグレー）

そこで、それぞれの環境でどれくらいのごはんを食べたのかを調べるために、お腹を解剖して、実際に摂取した餌の量を調べることにしました。

アリが口から食べたものは、腹部の消化器官に運ばれます。ここで一番はじめに通過するのが**「素嚢《そのう》」**と呼ばれる場所です（3－5）。

素嚢は昆虫だけでなく、鳥類などにも共通して見られ、消化器官の一部と考えられています。しかし、消化酵素などによる消化はおこらず、一旦食べ物を蓄える貯蔵袋のような役割をしています。

社会性昆虫の場合、この素嚢に蓄えた内容物を栄養交換液として相手に吐き出して与えることが知られています。

素嚢のうしろには、ほかの生物と同じように胃や腸の消化管がつながっていますが、素嚢と消化管をつなぐ管には弁が存在します。一方通行になっていて、一度消化管に入った内容物が素嚢に逆流してくることはないような仕組みになっています。

食べた餌の量を測定するために、私たちがお菓子や飲料などの色付けにつかう食用色素を利用しました。なかでも青色の色素が特定の波長の光を吸収する性質を利用し、吸収スペクトルを測定することで、食べた餌の量を計算することができます。

ここではまずアリのお腹全体、つまり素嚢と消化管のすべてに入っている餌の量を測定することで、アリが摂取した食事量を計算することができます。すると、グループアリと孤立アリで、ごはんを食べた量には大きな差がないことがわかりました。

次に、腹部を解剖し、素嚢と消化管を切り離して、消化管に入っている食べ物の量を測ってみると、孤立アリでは半分程度にまで減少していることがわかりました。

つまり、孤立アリはごはんを食べているにもかかわらず、その食べた分を素嚢に蓄えたままにして、自分で消化し**エネルギーに変えることができない状態**となっていたのです。

†ストレスと消化の関係

なぜ、こういうことが起きるのか。

素嚢から消化管へと、内容物が移動する仕組みはまだよくわかっていません。

労働アリがコロニーで仲間と暮らしているとき、外で餌取りをしたら、巣に帰り、待っている仲間に餌を分け与えることを第一の目的としています。コロニーにいる家族から離れてしまった段階で、労働アリはこの目的を達成することができないということになります。

孤立アリも、素嚢に餌を蓄えたまま仲間に次に会う機会を待っているのかもしれません。1匹でお腹いっぱいにごはんを食べたとしても、それを仲間と分かち合うということができないかぎり、自分で消化することができないのかもしれません。

イスラエルの研究グループが発表した先行研究では、餌に蛍光色素を混ぜて与え、この蛍光色素の量を体の外側から観察することによって、餌を与えてからどれくらいのスピードで家族全体に餌が行き渡るのか調べた例があります。[4]すると、外勤アリが餌を食べてから、数十分もすると巣のなかにいる労働アリにまで餌が行き渡る様子が見えてきました。

自然界では巣の形も複雑ですし、餌を見つけた場所から巣に帰ってくる行程もありますので、もっと時間が長くかかっていることが予想されますが、研究室で使っているシンプルな構造の飼育箱では、餌を食べてすぐに次の個体へとバケツリレーのように餌を受け渡していく様子が見えています。

一方で、餌を与えてしばらく経ってから孤立アリの飼育箱を観察すると、床のあちこちに青い液体が小さな点として落ちている様子に気が付きました。孤立アリはたくさんのごはんを見つけてお腹いっぱいになるまで溜め込むのですが、それを**分ける仲間がいないため、道端で吐き出している**ことが観察されます。孤立アリのちょっと笑えるような、なんともせつない姿です。

アリにおける孤立と消化の関係性は今も解明されていないことが多く残されていますが、社会的なストレスと消化の関わりは、私たちヒトや他の生物でも数多く報告されています。マウスやラットでは、体の大きい強い相手から日々攻撃を受ける社会的敗北ストレスのモデルが構築されていますが、こういったモデルでは行動の変化があるのみならず、消化機能の変化や腸内細菌叢の変化、消化に関連する遺伝子の発現変化など、**消化や代謝プロセス**に対して影響が生じていることが報告されています。

ただ、アリをはじめとした社会性昆虫は、栄養交換という特殊な振る舞いをするため、他の生物でみられるストレスと消化の関係と安易に比べることはできません。

しかし、孤立アリの消化が停滞してしまう仕組みを遺伝子や分子のレベルで解明することができれば、生物種を超えて、類似するところ、違うところを明確にすることができるかもしれません。

そのためにも、次の実験として、グループアリに比べて孤立アリでは、体のなかで働く遺伝子がどのように変化しているのかを調べることにしました。

†遺伝子の情報をまとめてしらべる

孤立アリのウロウロ行動や消化異常を引き起こす仕組みとして、どのような遺伝子が関わっているかを明らかにしたい。そのために近年、研究現場ではよく使われている**「トランスクリプトーム解析」**に挑戦しました。

私たちが持っている遺伝子の情報は、DNAと呼ばれる4種類の塩基から構成される体の設計図に書き込まれています。とても重要な情報のため、簡単に変化してしまったり、書き変わったりはできないような仕組みになっています。

一方で、たったひとつの受精卵から脳や皮膚などさまざまな種類の細胞を生み出したり、前章でも紹介した細胞が自殺するといった現象であったり、こうした個々の細胞がおりなすさまざまな生命現象の多くは、タンパク質によって制御されています。遺伝子のDNAの情報からタンパク質を作り出す過程で、重要な役割を果たすのがRNAです。

設計図となる遺伝子のDNA情報は一旦、メッセンジャーRNA（mRNA）にコピーされ、このmRNAの配列をもとにして、アミノ酸を順番につなぎ合わせることでタンパク質が作り出されます。

このDNAからRNA、タンパク質へと遺伝子情報が変換されていく流れは**「セントラルドグマ」**と呼ばれ、私たちヒトも、そして昆虫も、同じ仕組みを使ってタンパク質を作り出しています。

細胞がそのときどきでどんなタンパク質を作っているかは、この情報変換の途中で作り出されるmRNAの量によって測定することができます。「最終産物のタンパク質でも、推測できるんじゃないの？」と思うかもしれませんが、タンパク質自体の寿命はそれぞれに多様で、長く安定で働き続けるものや、あっという間に分解されてしまうものなど、さまざまです。

一方で、mRNAは常に作られて、壊されてという、ある一定の周期で常にターンオーバーされています。

その局面局面で、細胞がどんなタンパク質を作ろうとしているのか、作っているのかを調べることができるのが「トランスクリプトーム解析」と呼ばれる手法です。これは、細胞や組織のmRNAの情報すべてを網羅的に読み取り、**遺伝子の発現情報を一括で取得できる技術**です。

†アリ研究はどんどん進む

これまでに、アリでトランスクリプトーム解析を使った研究も数多く報告されています。たとえば、女王アリと労働アリは体つきも、行動も寿命もまったく異なっています。卵からしばらくの間、幼虫の時期は女王アリと労働アリの区別はつかないくらい同じ大きさ、形をしているにもかかわらず、発生途中からその大きさは大きく差がついていきます。発生の初めの時期はとても似ていて、どちらも同じ親（女王アリ）、同じ遺伝子セットをもっているのに、どうしてこのような違いが生じるのでしょうか。

この疑問に答えるためにロックフェラー大学のダニエル・クロナウアー教授らは、7種類のアリを対象として、生殖を行う、行わないというふたつの社会階級でトランスクリプトーム解析を行い、両者の間で発現量が異なっている遺伝子を同定することを試みました。[5]

生殖の分業の仕方については、アリの種類ごとに異なっています。

最も典型的なのはクロオオアリのように生殖をする女王アリと生殖をしない労働アリ、

といったように個体ごとにきっちりとわける種です。

一方で、アリの遺伝子操作を紹介した際に登場したクビレハリアリ（*Ooceraea biroi*）のように、周期をもってみんなでクローン生殖を行うアリもいます。この場合、ひとつの個体が一生涯のなかで、生殖をする、しないを時間軸でわけています。

この研究のミソは、解析を行うアリとして、個体ごとに生殖能力の有無をわけている種に加え、時間ごとに生殖の有無をわけている種の両方を含む実験をしているところにあります。

いずれの種でも、生殖能力がある・ないの比較を行い、発現が異なっている遺伝子を絞り込む、というとても工夫された実験を組んでいます。

その結果、生殖能力をもつ個体では、どの種でも共通して**インスリン様ペプチド2**（*ilp2*）とよばれる遺伝子が、生殖能力をもたない個体に比べて高く発現していることがわかりました。

昆虫におけるインスリン様ペプチドは、脊椎動物におけるインスリンと似た構造をもちます。成長やエネルギー代謝をコントロールするホルモンであり、ショウジョウバエにおいては卵巣の成熟に関わることが知られています。

生殖能力をもつアリでもこのホルモンが高く発現することで性成熟が引き起こされることが予測されますが、実際にクビレハリアリに人工的に合成したＩＬＰ２ペプチドを注射することで、卵巣の発達が観察されました。

このように、トランスクリプトーム解析という手法を使って遺伝子の量を一網打尽に調べ尽くすことで、どのようにして女王アリと労働アリのように異なる機能が生み出されるのかといった、生態学研究において長く疑問とされてきた答えにつながる遺伝子を発見することができるようになったのです。

そのほかにも、内勤と外勤という異なる仕事を分担する労働アリの間でトランスクリプトーム解析を行い、特に匂いを感知する触角で２２６７個もの遺伝子の発現が変化していることなどが明らかとなっています[6]。

発現が異なる遺伝子が、内勤や外勤の行動の違いを生み出すことにどう関係しているのか。

この疑問に答えるための操作実験にはまだまだ高いハードルがありますが、原因となる遺伝子を見つけるためのアプローチとして、トランスクリプトーム解析は非常に強力な研究手法です。アリのような非モデル生物においては近年、研究分野の躍進に大きく貢献しています。

それでは、孤立アリとグループアリでは、どのような**遺伝子発現の変化**があるのでしょうか。

次章では、トランスクリプトーム解析を使って、孤立アリで少なくなっている、また多くなっている遺伝子を見つけることに挑戦してみることにします。

第4章 鍵はすみっこ行動

ここまで、孤立アリの寿命や行動、消化の変化を観察することにより、家族から離れて生きることができないアリの姿を明らかにしてきました。

私たちが社会的な孤立を負担に感じることと、この孤立アリの様子に共通性はあるのでしょうか。

なぜ、孤立アリは死んでしまうのでしょうか。

遺伝子の言葉で見ていくことによって、その答えを探していきましょう。

1　原因は酸化ストレス

†アリをすりつぶす

第3章での行動の実験から、孤立アリは1日目から巣に入っていかないなど、おかしな行動を見せはじめることがわかりました。

そこで、この実験では、グループアリと孤立アリをそれぞれコロニーから引き離して10

四、1匹の環境で24時間行動を観察したあと、それぞれの個体からRNAを抽出することにします。

アリはすばしっこいので、RNAをとるためアリをサンプリングする際に、なかなか捕まえられずに追いかけ回したりしてしまうことがあります。しかし、少しでもストレスがかかってしまうと**mRNAの量に影響**が出てしまいます。

アリを素早く捕まえて小さなチューブに入れ、ドライアイスよりも低い温度になる液体窒素で瞬間凍結します。そのあと、RNAを抽出するための溶媒と、ステンレスビーズをチューブに加え、高速で振動する破砕機に投入します。アリは比較的硬い殻を持つ昆虫ですが、30秒もすると胡麻のように粉々になり、そこからRNAを抽出します。

スイスの研究室にはアリ飼育専用の部屋があり、研究員や学生は、自分の実験のためにさまざまな種類のアリを飼育しています。

あるとき、イギリス人の同僚が私と同じように、アリを捕まえてドライアイスに移してサンプリングする作業をしていました。彼が実験に使っていたアリは私が使っているオオアリよりもずっと小さくすばしっこいアリで、捕まえるのも一苦労です。

彼はストップウォッチを片手にアリを捕まえるまでの秒数をカウントして、「またダメだった！」とぶつぶつ言いながら作業していました。10秒を超えて長く追いかけ回してしまったときにはその場で捕まえることを諦めて、また時間を置いて挑戦する、といったルールを決めて格闘しているのでした。

遺伝子の発現はさまざまなことが原因で変化してしまいますので、些細なことにも気を遣ってアリを捕まえることがとても重要です。

†894もの遺伝子が候補に

グループアリと比較して、孤立アリで大きく発現量が変化している遺伝子（統計的に発現量に有意差がある遺伝子）を同定すると、**894もの遺伝子**が候補にあがってくることがわかりました[1]（4－1）。

たった1日、社会的な環境が変わっただけで、これだけ多くの遺伝子に変化があるのです。アリがいかに他の個体との**社会的な交流に依存して生きている**か、強く影響を受けているかということが見てわかる数字だと思います。

そのうち、孤立アリで発現量が低くなっている遺伝子が487個、逆に孤立アリで発現量が高くなっている遺伝子は407個含まれることがわかりました。トランスクリプトー

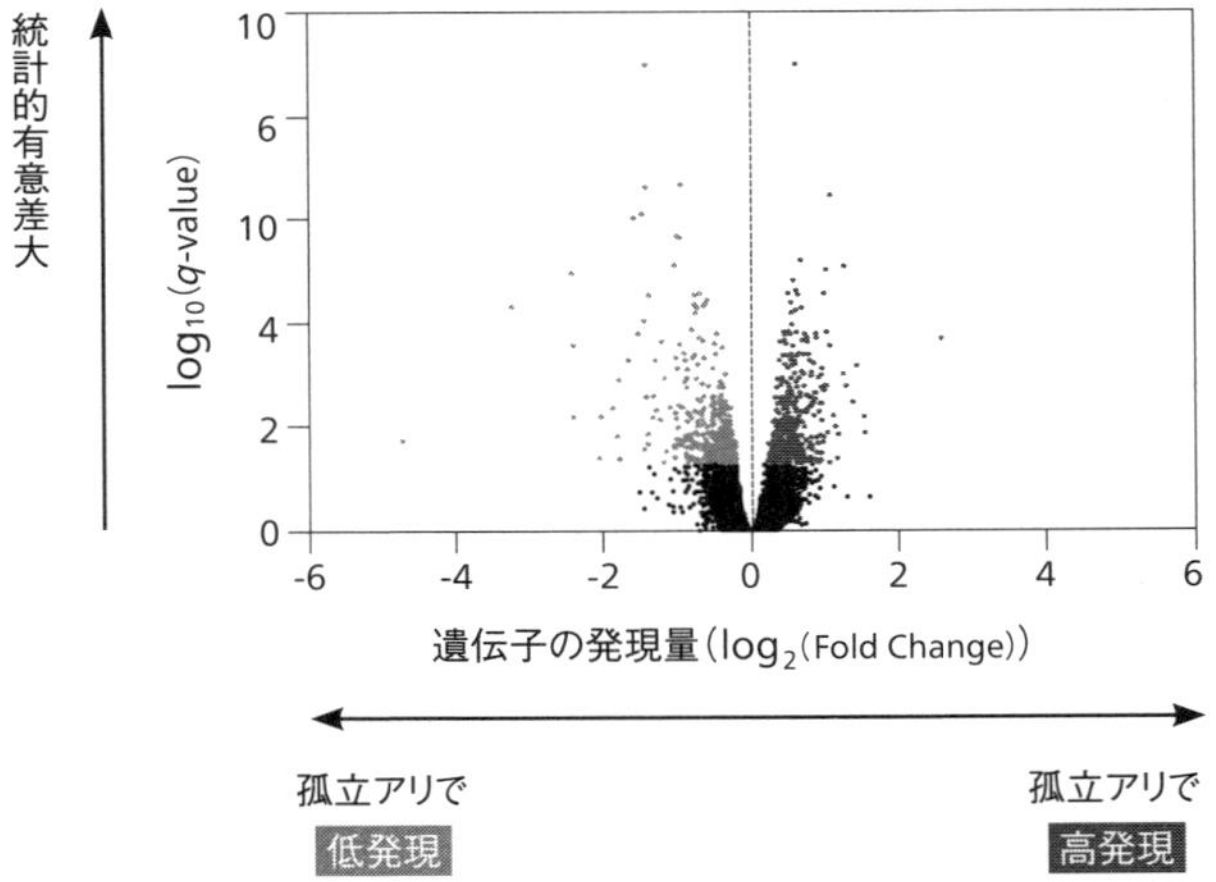

4-1　孤立アリとグループアリにおける遺伝子発現の比（横軸）と統計的有意差（縦軸）を示した火山プロット。ひとつの点がひとつの遺伝子に対応

ム解析の主な手法として用いられているRNAシーケンスはすべての遺伝子をくまなく調べることができるため、たくさんの候補が出てきます。

それでは、この900近い遺伝子の中から、どのようにして注目する遺伝子を絞り込めばいいのでしょうか。一番大きな発現の変化があった遺伝子に、注目するのがいいでしょうか。

ただ、そのひとつだけに注目して研究を進めても、もしかしたら2番目、いやもっと全然別の遺伝子が重要なのかもしれません。もしくは複数の遺伝子がまとまって働くことが孤立アリの行動や消化、寿命の変化を引き起こすのかもしれません。
そこで、約900個の候補遺伝子がどのような性質を持つ傾向があるのか、手がかりを調べることにしました。

†活性酸素と酸化ストレス

似たような機能をもつ、細胞のなかでも似たような場所に発現している、細胞死を引き起こす、同じ生命現象に関わっているなど、これまでに蓄積してきた遺伝子のさまざまな情報を統合し、遺伝子のグループ分けを定義した、**「遺伝子オントロジー（Gene Ontology＝GO）」**と呼ばれるデータベースがあります。

マウスや線虫、ショウジョウバエといったモデル生物では、数多くの研究により多くの遺伝子の情報が蓄積していますので、生き物ごとにデータベースが作成され、ウェブサイト上からその情報にアクセスすることができます。

残念ながら、アリのようにマイナーな生物ではいまだデータベースが整っていないので、ここではショウジョウバエのものを参照しました。そのデータベースに約900個の候補遺伝子を当てはめたとき、どのようなグループに所属する遺伝子が多く含まれる傾向があるのかを調べます。

すると、**「酸化還元酵素」**としての活性をもつ遺伝子が最も多く含まれていることがわかりました。少し聞きなれない言葉ですが、酸化還元酵素は、私たちの日常生活でも馴染みの深い**「活性酸素」**の量を調整することに関係することが知られています。

活性酸素は私たちの病気や老化、ストレスと深く関わることが知られています。生物は活性酸素を作るための酵素と、活性酸素を消すための抗酸化活性をもつ酵素の両方を備えており、このバランスで体の中に存在する活性酸素の量が決まります（4−2）。年をとると、活性酸素が増えます。身近な話題としては、活性酸素の蓄積がシミの原因になること、癌をはじめとしてさまざまな病気の原因や悪化に関与することなども知られています。

このように活性酸素の産生量が過剰になり、うまく除去できなくなってしまった状態を**「酸化ストレス」**と呼んでいます。

孤立アリで最も大きな発現の変化があった「酸化還元酵素」のグループに入っている遺伝子をよく調べてみると、孤立アリでグループアリよりも発現が低くなっている遺伝子、発現が高くなっている遺伝子のどちらも含まれていることがわかりました。

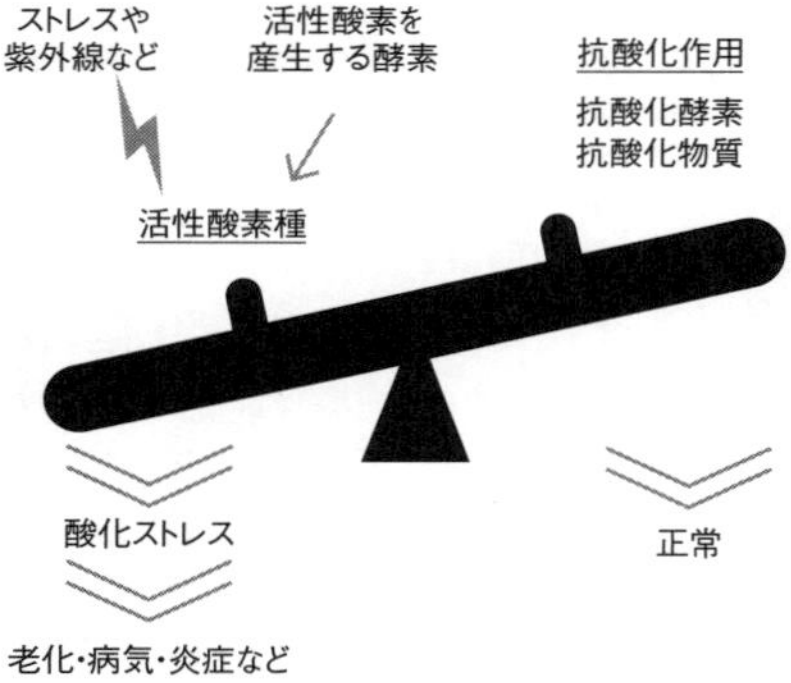

4－2　生体内では活性酸素種の産生と、抗酸化作用のバランスが保たれているが、何らかの原因のよって活性酸素の産生が過剰となった状態を酸化ストレスと呼ぶ

そして興味深いことに、孤立アリでグループアリよりも発現が低くなっている遺伝子には、活性酸素を除去するための抗酸化活性を持つ酵素が含まれ、一方でグループアリよりも発現が高くなっている遺伝子には活性酸素を作り出すための遺伝子が含まれることがわかりました。

つまり、孤立アリは活性酸素量が増える一方の変化を起こしており、高い酸化ストレスに晒されている状況が予想されます。

†ウロウロする個体ほど活性酸素が作られる

孤立アリは巣のなかに入らず、壁際で長くウロウロする傾向がありますが、この孤立環境に対する行動の変化には個体差があります。

私たちヒトでも、社会的なストレスを受けたときに、その受け取り方、感じ方は人それぞれです。それと同じように、孤立したとき非常に強い反応性を示し、極端な例だとまったく巣に入らなくなってしまう個体も現れますし、一人でもへっちゃら、という感じで悠々と巣のなかで過ごす個体も現れます。

この実験では、グループ環境や孤立環境において、24時間、行動のモニタリングをしたあとでＲＮＡを回収しました。

こうすることで、遺伝子発現の変化を調べる際にも、単純にグループアリと孤立アリの間の比較で変化がある遺伝子を同定するだけではなく、個体ごとの行動量の違いに着目して解析することも可能になります。たとえば、孤立アリのなかでも、特に壁際で長い時間を過ごす個体で大きく発現変化があるような遺伝子を見つける、という解析が可能となります。

そのために、まずは同じような発現変化を示している遺伝子を一つのグループ（クラスターと呼びます）としてまとめていきます。**「WGCNA解析」**と呼ばれ、ひとつひとつの遺伝子ではなく、似た発現変化を示す複数の遺伝子の集まりをひとつの単位とします。

この解析では、他の遺伝子の発現に対して影響力をもつような、それぞれのクラスターの中心にあると考えられる**「ハブ」となる遺伝子**を同定することができます。また、遺伝子発現に影響をもつ要因として、単にグループvs孤立、という比較だけではなく、例えば孤立環境における行動の変化量と強く相関する遺伝子クラスターを見つけることができるのです。

同じような発現の変化を示す遺伝子をまとめると16個の遺伝子クラスターにわけることができ、さらに孤立アリのひとつの特徴である壁際に滞在する行動変化と強く相関するふたつの遺伝子クラスターを同定することができました。

さらに、この遺伝子クラスターのなかにはどのような遺伝子が含まれるのかを、再度遺伝子オントロジー解析を使って調べてみました。すると、孤立アリの壁際に滞在する行動と相関するクラスターには、先ほどグループvs孤立の比較を行ったときと同じように、「酸化還元酵素」活性をもつ遺伝子が最も多く含まれることがわかりました。

これらの結果を総合すると、孤立アリのなかでも、**より長く壁際の近くで過ごす個体ほど、酸化ストレスに関わる遺伝子群が顕著に変化する**ことがわかったのです。この中には、前述のように、活性酸素を作るための遺伝子、そして活性酸素を除去するための遺伝子のどちらも含まれていました。

それでは実際に、孤立したアリのそれぞれの行動変化と、活性酸素の産生や除去に関わる酵素の遺伝子発現の量をみてみましょう。

おもしろいことに、孤立環境において壁際で長い時間を過ごす個体ほど、活性酸素を産生することが予測された遺伝子（*DUOX*など）の発現量が多くなっていました。一方で、壁際で長い時間を過ごす個体ほど、酸化ストレスを緩和する機能が予測される遺伝子の発現量は低下していました（4－3）。

つまり、孤立環境に対する行動の反応性が高く、顕著な行動変化を起こす個体ほど、**酸化ストレスを増悪させる方向**に、遺伝子の発現も大きく変化していることがわかったのです。

ここまでは、活性酸素の産生や除去に関わる遺伝子発現の上がり下がりをみてきました。それでは、実際に体の中の活性酸素の量は、どのように変化しているのでしょうか。ここからは、活性酸素を作る遺伝子の変化ではなく、活性酸素そのものに注目することにしました。

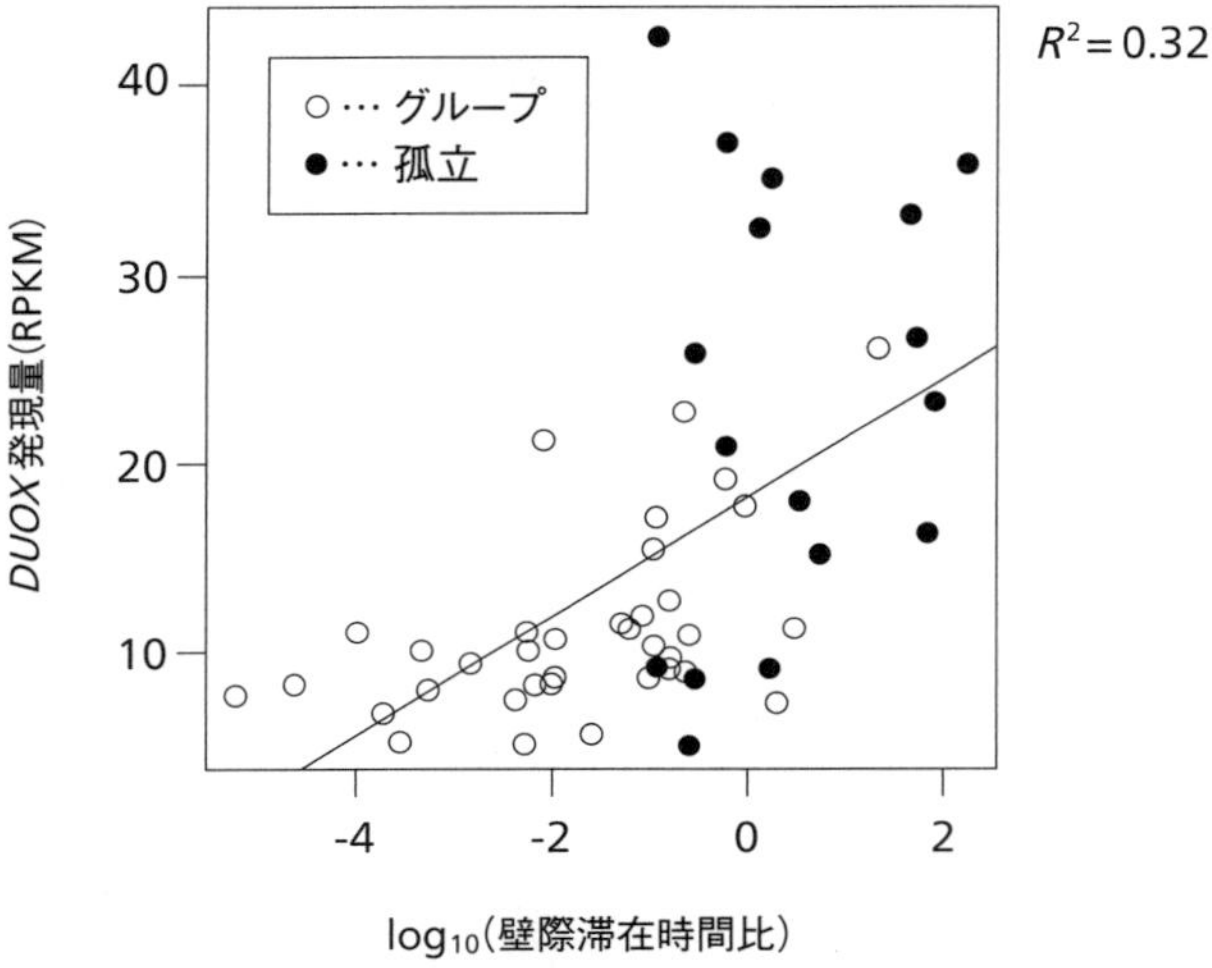

4-3　活性酸素を作る遺伝子（*DUOX*）は、壁際に長く滞在する個体ほど、発現量が高く変化している

2　舞台は脂肪体

私たちヒトの体でも、酸素が消費される過程で、活性酸素があらゆる場所で作られています。

脳では、活性酸素の蓄積は炎症反応を引き起こし、アルツハイマー病などの神経疾患を引き起こすリスクファクターのひとつであることが知られています。

一方で、活性酸素は体のなかで悪さばかりをするわけではなく、脳内では記憶の形成などに必要であることが近年発見されています。

また、運動をするとたくさんの酸素を消費する筋肉組織では、同時に活性酸素が作られています。この活性酸素で筋肉がダメージを受けることが、筋肉疲労の原因のひとつであることなども知られています。

活性酸素と最も深い関わりのある内臓のひとつが、**肝臓**です。

肝臓には毎日たくさんの血液が流れこみ、栄養の吸収や有害物質の無毒化など、生きるために必須の機能がたくさん備わっています。この過程でもやはりたくさんの酸素が消費され、それと同時に活性酸素も作られています。

常に活性酸素を消すための抗酸化活性をもつ酵素ががんばって働いていますが、老化によってその抗酸化力が落ちることが知られています。その結果、さまざまな組織が活性酸素によるダメージを受けやすい状態になっていると考えられています。

†孤立アリの活性酸素はどこにたまるか

それでは、孤立アリの体のなかでは、一体どこで活性酸素が作られ、蓄積しているのでしょうか。

アリの消化器官について、前章で紹介しました。アリをはじめとする昆虫は体も小さいですし、形も私たちヒトや哺乳動物とは大きく異なっていますが、生きるために必須な生命機能や内臓は、共通しているところがたくさんあります。

アリの内臓をあまり細かく分けてしまうと、もともと体も小さいので、測定に使用できる組織の量がとても少なくなってしまいます。そこでまずは、アリの体からざっくりと、脳や唾液腺などが含まれる頭部、そして腹部を解剖して、消化管を取り出します。

さらに、腹部に多く存在している**「脂肪体」**という組織を取り出して、この3つの部分での活性酸素の量を測ることにしました。

脂肪体というのは聞き慣れない言葉かと思いますが、哺乳動物における肝臓と脂肪組織の機能を併せ持つ、多くの昆虫がもっている組織です。名前のとおり、脂肪をたくさん蓄えている組織でもありますが、肝臓と同じように、脂質を合成したり、さまざまなタンパク質を合成して身体中に分泌したり、また免疫にも関与することが知られています。

昆虫種によってその量や存在する場所には違いがありますが、アリでは、腹部を解剖すると消化管の周りに羽毛布団のようにふわふわとした脂肪体がまきつくようにたくさん存在し、また、体の外側を覆っている殻（クチクラとよびます）の内側にも層になって存在しています。

頭部と消化管、そして脂肪体の3つの組織、それぞれで産生された活性酸素の量を調べてみると、驚いたことに、**活性酸素量が増加しているのは脂肪体のみ**であり、脳や消化管では、グループアリと孤立アリで活性酸素の量は変化していないことがわかりました。

アリの行動が大きく変化していることからも、行動を制御する中枢神経の脳で酸化ストレスがかかっているのかと予想していましたが、エネルギー代謝の中心である脂肪体で大きな酸化ストレスがかかっていることが、思いがけず発見されました。

消化器官のなかでも、腸は「第二の脳」と言われるほどに、さまざまなストレスに反応する内臓であることが知られています。ショウジョウバエの研究では、睡眠障害を無理やりに起こすと、腸で高い酸化ストレスが起こり、死に至ることが近年報告されています。[2]

こういった前例からも、孤立アリの短寿命に消化管が関わる可能性が考えられましたが、こちらも予想外に、酸化ストレスはグループアリと大きく変化していないことがわかりました。

†トロフォサイトとエノサイト

孤立アリで高い酸化ストレスを引き起こしている脂肪体は、一体どうなってしまったのでしょうか。今度は、アリを解剖して、脂肪体を構成する細胞の状態をより詳しく調べることにしました。

ここまで「脂肪体組織」とお伝えしてきましたが、細胞レベルで見てみると、この部分はアリの場合、ふたつの異なる種類の細胞から構成されています（4‐4）。

ひとつめは**「トロフォサイト」**と呼ばれる細胞です。脂肪体はいくつかの異なる細胞から構成されていますが、その土台となっているのがこのトロフォサイトといえます。平たい形をした細胞で、エネルギー源となる脂肪の油滴を細胞のなかに蓄えています。ふたつめは**「エノサイト」**と呼ばれる細胞で、丸くてコロンとした形をしています。

ここで登場するトロフォサイトとエノサイトは、その発生起源から、異なる組織であると考えられています。トロフォサイトを中心とする脂肪体を構成する細胞は、中胚葉といわれる、将来は筋肉や骨格などを形作る細胞に由来して発生してきます。一方で、エノサイトは皮膚などを形作る外胚葉に由来することが知られています。

アリのお腹の中を解剖してみると、トロフォサイトとエノサイトが相互に混ざり合い、くっついて存在しています。他の昆虫でも多くの場合、同様にこの2種類の細胞を見つけることができますが、特にエノサイトは**種によって存在する場所が異なる**ことが知られており、オオアリのように脂肪体に埋め込まれた形や、表皮細胞の近くに存在するケースも知られています。

本書では、労働アリを解剖して摘出した組織として、簡潔に「脂肪体」と今後も呼びますが、その組織は厳密にはトロフォサイトとエノサイトの2種類の細胞が混在した組織を指しています。

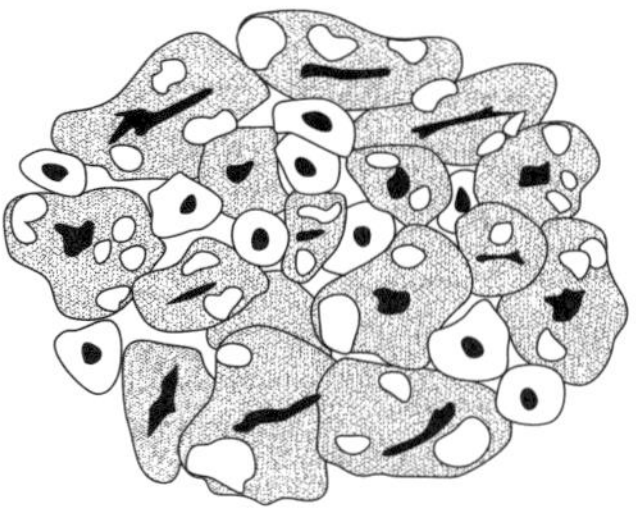

4-4　オオアリの脂肪体は脂肪滴を蓄えるトロフォサイト（グレー）で構成され、その間に丸いエノサイト（白）が混在する

齢とともに変わる脂肪の量

労働アリについて、第2章や前章では、若いときと年をとったときで、異なる労働を担当する労働分業のシステムを紹介しました。実は、行動パターンだけではなく、月齢によって体つきも大きく異なっています。

若い労働アリと老齢の労働アリ、どちらも体の長さが同じくらいの個体を並べて比較すると、若い労働アリは腹部がぷっくりと太っているのに対し、老齢労働アリは、腹部が細く小さいのが特徴です。この腹部サイズの差には、**体内の脂肪体の状態**が大きく影響しています。

若い個体はトロフォサイトにたくさんの脂肪滴が蓄えられていて、4－4の模式図にあるように、太ったトロフォサイトが押し合いへし合いしているなかに、小さなコロンとしたエノサイトが埋もれているような形態をしています。

一方で、老齢の脂肪体は、すっかりしぼんで、ペチャッと潰れたような網のような形に変化し、なかに蓄えられた脂肪滴の量も大きく減少しています。

エノサイトのサイズは月齢によって変化しないため、老齢個体を解剖して顕微鏡で観察すると、若い労働アリからは一転してしぼんだトロフォサイトに囲まれたエノサイトがコロコロと目立って観察されます。

行動や環境変化に伴う体内の脂肪量の変化は、他の生物でも知られています。クマなどの哺乳動物は冬眠前に大量の脂肪を体内に貯蓄し、冬の間はほとんど絶食状態で、体内に蓄えた脂肪を燃焼させて生き延びることが知られています。

昆虫でも、越冬時に脂肪の貯蓄量が増える種が知られており、生物はおかれた環境によって柔軟に貯蓄脂肪量を変化させて生き延びる術を進化させてきたことがわかります。

†脂肪の役割

労働アリにおいて、月齢によって脂肪の貯蓄量が大きく変化することには、どのような意味や意義があるのでしょうか。

まず、若齢の労働アリは巣の外に出ることはなく、巣のなかで幼虫を育てます。蓄えた脂肪を使って、多くの栄養成分を**口移し**で与えています。

社会の核となる女王アリの世話をしたり、次世代を担う幼虫を育てるためには、コロニーのなかでも、最も多くの栄養成分を投資する必要があるのです。そのために、世話係の若い労働アリは脂肪滴を蓄えて、常に子育てや女王アリにエネルギーを供給するための性質を持っていると考えられます。

一方で、老齢の労働アリは巣の外に餌取りにいくため、コロニーのなかでは、巣の外で死んでしまうリスクが最も高いと考えられます。そのようなリスクを負っている個体が大切なエネルギー源となる脂肪滴をたっぷりと蓄えているのは、社会全体としても不利であることから、外勤の労働アリは自分が動くための最低限の蓄えで活動していると考えられています。

アリでみられる月齢依存的な脂肪貯蓄量の変化は、ミツバチでも共通して知られています。[3] ミツバチの場合は、花粉を集めるために外勤の労働個体は長時間外を飛び回る必要があります。そのためにも腹部の重たい脂肪を削ぎ落として、外で働くために有利な体つきに変化するとも考えられています。

このように、労働アリの**月齢に依存した行動の変化**は、外からは見えづらい、体の中の生理機能の変化と密接にリンクしていることがわかります。

†行動の変化が先か、生理機能の変化が先か

それでは、労働アリの行動の変化と体の中の生理機能変化はどちらが先に起こるのでしょうか。

行動が餌取りへとスイッチすると、それに伴って体の中も脂肪が減って動きやすい体へと順応するのでしょうか。それとも、まずは体の中の貯蓄脂肪の量が減少したあとで、行動の変化として現れるのでしょうか。

ミツバチでは、脂肪酸の合成を阻害する薬剤を投与して脂肪量を無理やりに低下させると、餌取り行動を取る個体の割合が増えることが明らかとなっています。[4] これは、脂肪の量が行動変化を引き起こす要因のひとつであり、**体の中の変化→行動の変化という矢印方向**が存在することを示す結果です。

一方で、私たちの実験では、アリの10匹グループ飼育をして、1カ月のあいだ行動量を調べたあと、それぞれの個体を解剖して脂肪量を調べました。

その結果、巣のなかでじっとしていた個体は、みんな体の中の脂肪量が多いのに対して、外に出て餌取りをしていた個体は、脂肪量が低下していることがわかりました。ただ、アリの場合、10匹のグループ飼育をすると24時間のあいだに行動の変化が見られ、餌取りをする個体が2、3匹出現することがわかっています。

この短時間の間に脂肪量がどう変化しているのかをこれまでに調べたことはないため、アリの場合、**行動と生理機能のどちらが先に変化するのか**、その答えはまだわかりません。飛ぶために脂肪を減らすことが必要なミツバチと違って、アリの場合は先に迅速に行動の変化が見られる可能性もあります。

†女王アリやオスアリの脂肪量

労働アリ以外の女王アリやオスアリも、脂肪量に特徴があります。

これから結婚飛行に飛び立ち、その後たった一人で子育てをする必要がある新女王アリは、お腹のなかにたくさんの脂肪滴を蓄えています。労働アリが誕生して成熟した女王アリも、やはり腹部にはたくさんの脂肪滴が蓄えられている様子が観察できます。

女王アリは結婚飛行で飛び立つ必要もありますが、それよりも、これからの子育てをし、その後もたくさん産卵するためには十分な脂肪の蓄えが、より優先されていることが想像できます。

一方で、結婚飛行を最後のゴールとしているオスアリは、飛び立つ前に捕まえて解剖すると、お腹の中の脂肪はほとんど貯蓄されていません。外からみてもスリムなお腹をしていますし、一世一代の大勝負にでるオスアリは、最低限のエネルギー貯蓄で飛び立っていくことがわかります。

このようにして、アリの体のなかでも、特にエネルギーの貯蓄や代謝にかかわる脂肪体は、**個体の行動や役割**に大きく関わっていることがわかります。

それでは、孤立アリでは、なぜこの脂肪体に強い酸化ストレスがかかっているのでしょうか。酸化ストレスによって、脂肪体はどのように変化してしまっているのでしょうか。

†エノサイトの変化が大きい

酸化ストレスの測定方法として、解剖してとってきた脳や脂肪体をすり潰し、それぞれの内臓丸ごとの活性酸素量を測る、ということをやってきました。

そのほかに、より詳細に脂肪体での酸化ストレスの状況を解析するために、労働アリを解剖して脂肪体を体の外に取り出したあと、すり潰さずにそのときの細胞の形態や構成を保持したまま観察する、という方法があります。

私たちも病院でいろいろな検査を受けますが、病理組織検査と呼ばれる、顕微鏡標本をつくる作業と似ています。

先ほどの活性酸素の測定方法が血液検査のようにひとつの数値として結果が得られるのに対して、組織の顕微鏡での観察は、ひとつひとつの細胞の様子を観察できることや体の中の場所によって細胞の状態に差があるのか、などより詳細な空間的情報を得ることができるメリットがあります。

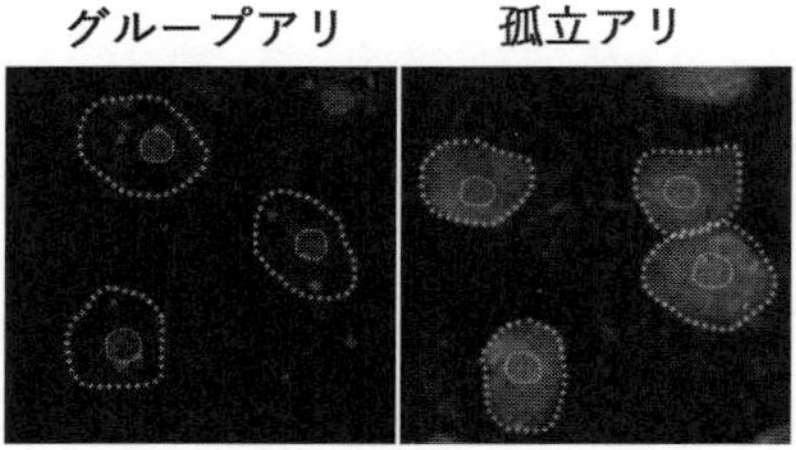

4－5　エノサイト（白い点線）を比較すると、孤立アリでは活性酸素が高く産生し白いシグナルが強く検出されている。それぞれの細胞内の核も白い点線でアウトラインされている

組織観察の第一段階として、まずは酸化ストレスの量を**細胞レベルで見える化**してみると、脂肪体全体のなかで、脂肪滴を溜め込むトロフォサイトに比べて、特に丸く小さなエノサイトで活性酸素が高く蓄積している様子が観察されました（4－5）。

エノサイトはさまざまな昆虫が共通して持っている細胞です。その存在は100年以上も前に観察され、論文に報告されています。一方で、エノサイトがもつ役割については、1970年以降、現在に至るまで、さまざまな昆虫を使って解明が進められてきました。

近年、エノサイトの役割解明においても活躍してきたのが、ショウジョウバエを用いた実験になります。

†加齢や疾患の発症

通常、脂肪体組織が餌から脂肪を取り込み、そのほとんどは、トリアシルグリセロール

（TAG）という形で蓄えています。
一方、餌が食べられない飢餓状態に直面すると、この貯蓄脂肪は脂肪体から放出され、一時的にエノサイトに保管されることがわかりました。また貯蓄脂肪はその後、さまざまな酵素の反応によってエネルギーとして使用できる形に変換される必要があります。そのような貯蓄脂肪を活用するための、反応が起こる場所がエノサイトだったのです。[5]年をとったショウジョウバエでは、エノサイトで活性酸素の蓄積が見られることも報告されています。[6]加齢や、アリの孤立ストレス応答などによってエノサイトは活性酸素が蓄積しやすい、**ダメージを受けやすい細胞**であることがみえてきました。
私たちヒトでも、年をとるとさまざまな心疾患の発症リスクが高まることが知られています。最近の研究では、ショウジョウバエでも高齢になると不整脈が発生し、その発症にはエノサイトが分泌する、サイトカインと呼ばれる炎症に関わる低分子のタンパク質が一因となることなどが、わかってきました。[7]
加齢によってエノサイト自身がダメージを負いやすいだけではなく、**全身性の加齢性疾患の発症に関わる可能性**がある、非常に重要な細胞と考えられるようになりました。

3　昆虫進化のひみつ

†昆虫の体表

研究の歴史のなかでは、エノサイトは、昆虫の**「体表炭化水素（Cuticular hydrocarbon＝CHC）」**を作り出す、という、昆虫が生きるために必須の機能を担うことが1970年代以降、バッタやイエバエを使った研究によって明らかとされてきました。

昆虫の体をみると、少しツヤッとした光沢があることにお気づきの方もいるかもしれません。昆虫は体の表面に、体表炭化水素と呼ばれる物質を分泌しています。

昆虫はサイズとしては非常に小さいにもかかわらず、複雑な構造をしていて体の表面積が非常に大きく、体の表面から体内の水分が揮発してしまうというリスクを背負っています。そこで、体表面から水分が逃げてしまうことを防止するために、体表炭化水素でコーティングしているのです。

この体表炭化水素の仕組みこそが、昆虫がかつて進化の過程で水生から陸生へと生活域を拡大できた、その**成功の秘密のひとつ**であったと考えられています。

エノサイトは、アリの場合は脂肪体組織に混ざり合って体内に存在するだけでなく、クチクラの下にも存在しています。このクチクラのすぐ下にあるエノサイトは、ほかの昆虫種でも共通して観察され、体表炭化水素を供給するという重要な役割を担っていると考えられています。

脱線しますが、この体表炭化水素は乾燥から身を守る、という役割が大元の生理機能でありながら、一方で、どの昆虫の体表にも分泌されているという特性から、種や性別、また社会性昆虫では巣の仲間を見分けるといった**社会的認知のマーカー**として、進化の歴史のなかで第二の役割を獲得してきたことが知られています。

アリやハチでは、自分の家族とよその家族を見分けることができますが、これは体表炭化水素の組成が家族ごとに少しずつ異なっているため、自分の家族とよその家族を触角を使って識別することができるからです。

攻撃性が高い種では、違う巣から労働アリが侵入してくるとすぐさま察知し、お腹からギ酸を分泌して相手を麻痺状態にさせ、仲間と一緒に襲いかかって殺害してしまいます。

一方で、この攻撃に時間がかかるケースでは、おもしろいことに、接触しているうちにお互いの体表炭化水素が擦りあって混ざり合うことによって、時間がたつとお互い仲間か敵であったかが曖昧になりいつの間にか一緒に暮らしていることもあります。

†乾燥への耐性

労働アリは、若いときは部屋のなかで大半の時間を過ごし子育てをします。人でいうと、四六時中座りっぱなしの仕事スタイルですが、年をとると外に出て、活発に動き回る肉体労働の仕事へと転職します。

どちらの仕事も単に行動パターンが変化するだけではなく、仕事をする場所が大きく違いますので、**体がその都度、職場環境に順応する**ことがとても重要です。

特に老齢個体は野外に出て長時間、餌を探し求めて歩き回るため、夏場などは紫外線によるダメージを受けます。また、私たちが汗をかくように、アリも体の表面から水分が揮発していってしまうリスクに直面します。

巣の中の、比較的温度や湿度が保たれたなかで暮らしてきた労働アリは、野外での長時間の活動では乾燥環境にも耐えなければいけません。外回り仕事をするための乾燥環境への耐性にも、体表炭化水素が重要な役割を果たすことが明らかとなってきました。

体表炭化水素は基本的にたくさんの炭素がまっすぐに並んだ直鎖炭素骨格を特徴としていますが、昆虫の体表を覆っている炭化水素は、**化学構造に多様性がある**ことが知られています。

単純にひたすら長い直鎖をもつシンプルな構造をもつものに加え、二重結合をもっているもの、横に炭素鎖の枝が伸びた側鎖といわれる構造をもつものなど、いろいろな形の炭化水素が混ざり合って体の表面を覆っているのです。[8]

炭化水素の組成は家族間で異なることから、他人と見分けられる仕組みを紹介しましたが、実は同じ家族のなかでも、内勤アリと外勤アリでは、その量や組成が少しずつ異なっていることがわかっています。

特に、外勤行動をする年をとった労働アリでは、乾燥耐性能力が高い、シンプルな直鎖構造をもつ炭化水素量が多く含まれることが知られています。

それでは、仕事に応じた体表炭化水素の調整による体づくりはどのように実現するのでしょうか。

外勤、内勤の行動は単に月齢によって変化するだけでなく、社会環境の変化によっても柔軟に行動がスイッチしますので、**社会環境や行動ともリンクした制御の仕組み**があるはずです。

†昆虫にもあるオキシトシン

私たちヒトや哺乳動物の社会性行動に深く関わるホルモンとして、オキシトシンやバソプレシンという名前を聞いたことがあるかもしれません。

これらのホルモンはたった9アミノ酸からなるとても小さな分子ですが、母子や男女間など他者への愛着や、一方で攻撃行動にも関与するなど、私たちの社会的な行動に深く関わることが明らかとなっています。

オキシトシンやバソプレシンに該当する分子は、哺乳動物のみならず、魚類、鳥類、さらには昆虫まで広く保存されていることがゲノム情報の解読によって明らかとなってきました。

しかし、特に昆虫でどんな役割をしているのか、長い間わかっていませんでした。昆虫におけるオキシトシンやバソプレシンに該当する分子は**「イノトシン」**と呼ばれています。アリでその役割を解明できれば、社会性との関わりや、オキシトシンやバソプレシンといった分子がどのように生命の長い歴史のなかで進化してきたのか、その解明につながる。そう期待し、私たちは研究に取り組んでいました。

その過程で、思いがけず、イノトシンが外勤アリの行動を支える体表炭化水素の調整に関わることを発見したのでした。

イノトシンがアリではなにをしているのか。その手がかりを探るためには、やはり遺伝子の発現がどこであるのかが重要な情報となります。

おもしろいことに、女王アリやオスアリ、労働アリでの遺伝子の発現量を比べると、外勤の労働アリに、この遺伝子が非常に高く発現していることがわかりました。

さらに外勤アリの体のなかでどこに発現しているのかを細かく調べると、イノトシンは、**脳のなかのたったふたつの神経細胞**に非常に強く発現していることがわかりました。

そして、このイノトシンを発現する神経細胞は頭部にある脳から、背中を通って腹部まで一直線に伸びていることがわかったのです。この神経細胞から、イノトシンは体のなかに分泌されます。

分泌されたイノトシンが体のどこに到達し、作用するのか。この点がイノトシンの役割を知るためには重要なポイントとなりますが、イノトシンを受容するタンパク質はエノサイトに最も高く発現することがわかったのです。

エノサイトは体表炭化水素を合成するための酵素をたくさん発現していますが、イノトシンは体表炭化水素合成酵素の発現を制御し、外勤行動をする個体では、体表炭化水素をたくさんつくって**乾燥に耐える体づくりを支える役割**を果たしていることが明らかとなったのです。

イノトシンのシグナルが、神経ではなくお腹のエノサイトにあることがわかったときは、正直なところ、アリではイノトシンは社会性とはまったく関係ない役割をしているのかな、と少しがっかりした記憶があります。

しかし、昆虫にとって、乾燥耐性は生きるうえで必須です。さらには巣仲間の認識という、アリの社会性にとって核となる体表炭化水素の制御に、イノトシンが関わっていることがわかったとき、とても興奮したことをよく覚えています。

実は哺乳類におけるバソプレシンも、社会性の制御だけではなく**水分の再吸収の調整に関わる**ことが知られています。

アリと哺乳類では、水分のコントロールの方法も、社会性の認識の方法も大きく異なっていますが、イノトシンは体表炭化水素のコントロールを経由して、オキシトシンやバソプレシンと似た生体機能をもっている可能性を見出すことができたのです。

†孤立と体表炭化水素

孤立アリの体表炭化水素の変化についても、研究例があります。20日間孤立環境で飼育したあと、元の仲間と出会うとどうなるか、という実験です。

もともとは同じ家族ですので、コロニーのなかではお互いに攻撃行動は起こりません。しかし、20日間孤立にしたあとに元の仲間に再会させると、統計的に有意なほどの大きな変化ではありませんが、元いた家族のもとでも、「だれだったっけ？」という感じで、**攻撃行動が少し増加する**ことが知られています。

一方で、孤立させたのち、同じ家族ではなく別の家族の労働アリと出会わせると、興味深いことに、今度は孤立を経験していないアリを別の家族にいれたときほど激しい攻撃行動を受けないことがわかりました。[9]

これは、おそらく家族と一緒に暮らすことで、自分たちの家の匂い（体表炭化水素の組成）がお互いにより強く、独特なものへと常に変化しているのではないか、と考えられます。

また、家族と一緒に暮らしていないとその**家族特有の匂い**がだんだん薄れてしまうため、他の家族から見ると、孤立を経験したアリは強い攻撃行動を誘発しないのではないか、とも考えられます。

アリの体表炭化水素がどんな匂いなのか。残念ながら私たちが感じることは難しいですが、いろいろな生活の匂いが混ざり合ったそれぞれの家庭の匂いがある、というのは少し私たちも身近に感じることができるかもしれません。

一時的に孤立を経験したアリが、もとの家族のところに戻ると寿命も元通りになるのかという点も、興味深いです。

4　鍵はすみっこ行動

孤立アリでは、酸化ストレスを引き起こす方向に遺伝子の発現が変化していること、孤立アリの体のなかでも、エノサイトで特に酸化ストレスが強く起こっていることがわかってきました。

それでは、孤立アリの行動の変化と、エノサイトでの酸化ストレスの強さには関わりがあるのでしょうか。

†たいへんな実験

行動の変化と酸化ストレスの関わりをみるためには、1匹の個体から、行動と酸化ストレスの両方の情報を引き出す必要があります。

酸化ストレスの測り方として、内臓のすりつぶし実験と、細胞を染色して観察する実験のふたつをご紹介してきました。

内臓のすりつぶし実験にはたくさんのサンプルが必要となるため、1個体からとってきた内臓だけでは実施することができません。一方で、細胞染色の実験は、極端な話、数十細胞でも、きれいに採取して染め上げることができれば、酸化ストレスの度合いを測ることができるという大きなメリットがあります。

そこで、孤立やグループ環境においた労働アリを24時間、行動解析を行い、1個体ずつ行動パターンを調べたうえで、それぞれの個体から脂肪体組織を取り出し、酸化ストレスの度合いを染色し顕微鏡で観察するという実験に挑戦しました。

顕微鏡できれいに観察できるよう1匹ずつ丁寧に解剖をすることは、とても神経を使う細かい作業です。のんびりしていると、**細胞の状態は刻一刻と変化してしまいます**ので、できるだけ短時間で解剖をしなければいけないという時間の制約もあります。簡単そうに聞こえますが、これを何十匹と調べるのはとても大変な実験です。

†すみっこにいるほど酸化ストレスが強い

まずは、孤立アリの特徴的な行動の変化として、壁際に滞在する時間、歩いた距離、そして動く速度という3つの指標を計算しました。

そして、それぞれの個体に対して、これらの行動パラメータと、脂肪体の染色から計算された酸化ストレスの度合いにどのような関わりがあるのかを調べてみました。

すると、歩いた距離や動く速度については、孤立アリでもグループアリでも脂肪体の酸化ストレスと相関関係が存在しませんでした。

しかし、おもしろいことに、孤立アリの**壁際に滞在した時間と脂肪体の酸化ストレスの度合い**には、統計学的にも明らかな相関関係があることがわかりました。長く壁際に滞在した孤立アリほど、脂肪体での酸化ストレスが強くなっていることがわかったのです。

これまで、トレーニングによって活動量が上昇すると、筋組織で酸化ストレスが誘導されることが知られていました。孤立アリの酸化ストレスも、単に行動量が増えた、その結果として増えているだけではないか、という可能性がありました。

しかし、もし単に行動量の増加の結果であるのならば、歩いた距離や動く速度とも脂肪体の酸化ストレスの度合いは相関関係を示すはずです。

それに、グループアリにおいても、長く壁際に滞在する個体ほど、酸化ストレスが高いといった結果が得られるはずですが、おもしろいことにグループアリでは壁際滞在時間と脂肪体の酸化ストレスの度合いには相関関係がみられませんでした。

1個体ずつ行動量と酸化ストレスの度合いを計算する、という大変な実験を経て、孤立アリの酸化ストレスの上昇は、単に行動量の増加の結果ではないことがわかってきました。重要な点として、孤立アリの酸化ストレスは、**壁際に滞在するという行動変化と最も深く関与する**、ということが示唆されたのです。

†すみっこ行動と孤立環境

壁際に滞在するのが好き、というすみっこ行動は、実はアリだけで見られるものではありません。マウスやラットといった、社会的なストレスや不安行動が古くから研究されてきた齧歯類でも、類似した行動の変化が報告されています。

ラットやマウスを四角い空っぽの箱のなかに入れると、新しい環境に直面して、そこがどんな場所なのか気にします。箱の真ん中を歩いて未知の環境を調べにいったり、周りの様子をうかがうといった行動は探索行動、その逆の箱の四隅や壁に近づく様子は不安様反応と言われています。

この実験は**「オープンフィールドテスト」**と呼ばれ、不安の度合いを測定するために古くから使われてきた実験です。たとえば、箱に入れられる前に、ジャイアンのように自分より強い相手に出会って痛い目にあったなどの記憶があると、新しい箱に入ったあとの探索行動が減少し、壁の近くで過ごす時間が長くなることが知られています。

おもしろいことに、社会的孤立を経験してきたマウスは、オープンフィールドテストで中央部分に滞在する時間が減少することが報告されています。孤立マウスはそのほかにも、歩いた総距離がグループマウスに比べて長くなることや、動かない時間が増えることなどが報告されています。[10]

このような孤立マウスの行動変化は、すべてが孤立アリと一致するわけではありませんが、空間の使い方、特に**壁際を好むすみっこ行動が共通してみられる**のはとてもおもしろい結果です。

前述の孤立アリの行動を紹介したさい、そのような行動の変化に一体どのような意味があるのかを一緒に考えてきました。

もしかしたら、社会的な孤立を経験したときに、より安全な、身を守ることができる場所に身を置くということが、生物が本能的に共通して見せる不安行動のひとつなのかもしれません。

†活性酸素のダメージは大きい

活性酸素は細胞のなかでさまざまなダメージを引き起こすことが知られています。DNAを傷つけてしまったり、タンパク質や脂質を酸化してしまうなど、細胞が正常な機能を維持していくために必要な生体分子を攻撃し、機能障害を引き起こすことが知られています。

ダメージを負った生体分子が蓄積することによって、これらを分解するためのリソソームと呼ばれる細胞内小器官が増えたり、酸化ストレスからRNAやタンパク質を守るためにストレス顆粒という凝集体が出現するといった**生体応答**が引き起こされます。そして、さらに強い酸化ストレス応答が長い期間継続することによって、最終的には細胞は死に至ります。

生体分子のダメージの状態や、細胞内小器官や凝集体の蓄積、細胞死といった生体応答はさまざまなマーカーが開発されており、それらを使って可視化することができます。孤立アリの脂肪体でも、活性酸素が蓄積しているだけでなく、酸化された脂質量が増加しており、複数の細胞が死んでいることも観察されました。

激しいダメージを負った脂肪体組織は、孤立アリの短寿命や行動の異常とどのように関わっているのでしょうか。

因果関係を調べるためには、第1章でもご紹介したモデル生物における遺伝子の操作が大活躍します。孤立アリで発現が高くなってしまっている遺伝子の発現を遺伝子操作によって低くしてあげることができたら、孤立アリはどうなるのでしょうか。

残念ながら、研究に使ってきたオオアリでは、遺伝子発現の人為的な操作がいまだに技術的に困難です。その代わりの手段として、薬を使って酸化ストレスを操作する実験を計画しました。

†薬を使った実験のむずかしさ

私たちヒトにとっても、酸化ストレスは老化やさまざまな疾患の発症と深く関わることから、酸化ストレスを緩和することができる**抗酸化作用**をもつ物質が、古くから注目を集めています。

ビタミンやポリフェノールが抗酸化作用をもつと、私たちの日常でも耳にすることが多いかと思います。こういった抗酸化物質を多く摂取することがアンチエイジングにも効果的であると、広く認知されてきました。

酸化ストレスを引き起こす仕組みは、ヒトから昆虫まで保存された仕組みが存在することが知られています。それでは、ヒトで効果のある抗酸化物質は、昆虫でも有効なのでしょうか。

ヒトと昆虫では、体の大きさもまったく異なります。一体どれくらいの抗酸化物質を、どのように投与すればいいのでしょうか。

遺伝学的な操作に比べると、薬を投与するというのは随分簡単なようにも聞こえますが、一体どんな薬を、どのような量で、どのような方法で与えるのか、効果的な薬理効果を得るためには、**検討しなければいけない条件**がたくさんあります。

薬を選ぶさい、酸化ストレス応答に関する論文が複数発表されているショウジョウバエやミツバチを用いた研究を参考にして、昆虫でも抗酸化作用をもつ物質を2種類に絞り込みました。

これらの薬は最近ショウジョウバエで経口投与によって効果があることが示されていたので、その投与量を参考に、ショウジョウバエとアリの体重の違いも考慮して投与量を計算します。

しかし、薬の適正投与量は単に体重から推し量ることができるものでもないので、実験を行う場合は予想適正量を中心としてより濃い濃度、低い濃度といういくつかの幅をもって実験条件を準備します。

まずは薬を与えない未処理の孤立アリの実験群と、4つの異なる濃度の抗酸化剤を水に混ぜて与えた実験群を準備して寿命の測定を行いました。

その結果、ひとつめの候補であったメラトニンという薬剤では、最も低い濃度や最も高い濃度を投与したさいには孤立アリの寿命は未処理の孤立アリと変化がなかったのに対して、中間的な濃度条件において、孤立アリの**寿命短縮**が著しく緩和され、より長い寿命を

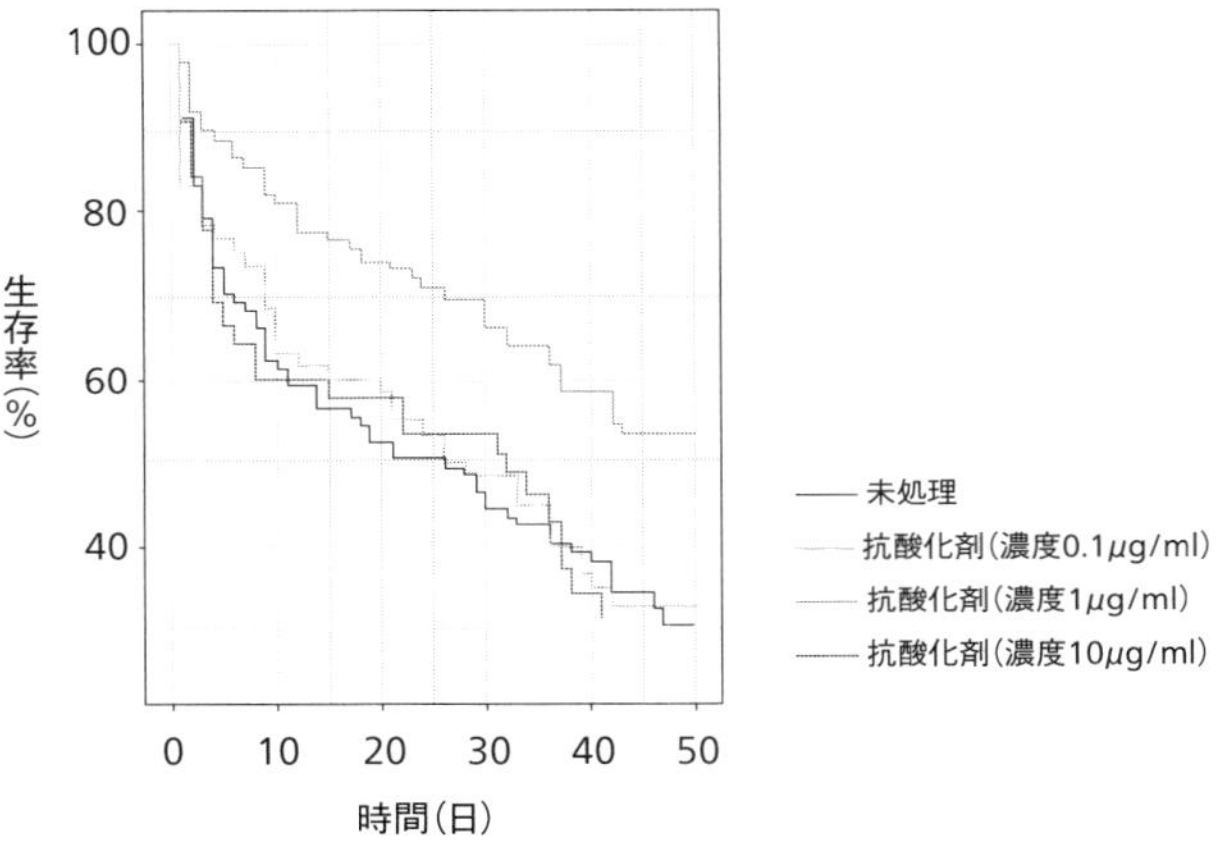

4-6　適切な濃度の抗酸化剤（メラトニン）の投与により、孤立アリの寿命短縮が緩和された

示すことがわかりました（4-6）。

また、ふたつめの薬剤であるニコチンアミドアデニンジヌクレオチドは、一番濃い濃度では何の効果もなかったのに対して、その10分の1の濃度を与えたときには寿命が顕著に延長することがわかりました。

薬剤の投与で、目に見えて孤立アリの寿命が延びたことはとても驚きでした。「やっぱり酸化ストレスが孤立アリの短寿命を引き起こす原因だったのか！」と、とても嬉しかったのを覚えています。

とはいえ、ここまでの実験では、それを証明するにはまだまだ不十分です。細かい実験の話が長く続いてきましたが、ここから、酸化ストレスが孤立アリの短寿命の原因であると特定するための、**最後の詰めの実験**が必要です。

†本当に抗酸化作用のおかげ?

抗酸化剤の投与によって、孤立アリの短かった寿命が延びる傾向が見えてきました。ただ、これは本当に抗酸化剤のおかげなのでしょうか。果たして、投与した抗酸化剤が「抗酸化作用」を発揮したからなのでしょうか。

今回使用した抗酸化剤に限らず、どの薬剤であっても、体のなかのどこで効果を発揮したのか、また目的とする作用を果たしているのかを確認することがとても重要です。

そのために、寿命の測定で最も孤立アリの寿命延長に効果が高かったメラトニンという薬剤を投与し、その後解剖をして、酸化ストレスの度合いがどう変化しているのかを調べました。

すると、頭部や消化管ではメラトニンの投与によって活性酸素量は変化しませんでした。一方で、活性酸素量がグループアリよりも高くなっていた脂肪体では、メラトニンの投与によって活性酸素量が低下することがわかりました。

酸化ストレスは体のなかで、脂肪体だけでなく頭部や消化管でもある程度産生されています。そのベースラインとなる活性酸素の発生自体は、メラトニンの投与によって影響を受けない、ということがまず明らかとなりました。

もうひとつうれしい結果だったのは、メラトニンの投与によって、孤立アリで特徴的であった脂肪体での高い活性酸素の産生を抑えることができたということです。悪さをしているのは脂肪体という局所での活性酸素の発生ではないかと疑っていました。この実験によって、**孤立環境→脂肪体での活性酸素の発生→短寿命**という矢印をつなぐことができたのです。

そして、真ん中の脂肪体での活性酸素の発生が抑えられることによって、その下流にある短寿命を緩和することができた、ということになります。

このように観察された現象と現象を矢印でつないでいき、その因果関係を調べるために、矢印の途中にある現象を人為的な操作によって変化させたときに、その下流と想定する現象がどうなるのかをみていきます。

今回の例でいうと、酸化ストレスの抑制という人為的な操作によって寿命の短縮が緩和したということは、寿命の決定が酸化ストレスの下流にあることの証明になるわけです。

5　寿命はなぜ縮むのか

今回は非常にシンプルな矢印関係を例にご説明しましたが、抗酸化剤を投与した孤立アリの寿命がグループアリと同じレベルにまでは回復しないことからも、孤立アリの寿命短縮を引き起こしている原因は脂肪体の酸化ストレスだけではない、とも考えています。孤立アリでは約900個の遺伝子に影響があったことからも、おそらく酸化ストレスとは別の仕組みも、孤立アリの寿命に影響を与えているはずです。

寿命の短縮という現象にはおそらくその要因が複数存在していて、それぞれの要因の関わりあいによっても制御されているはずです。今回の実験では、そのうちのひとつ、酸化ストレスという矢印の因果関係を証明できました。

私たちの日常においても、薬の効果をより高め、副作用を最低限に抑えるためには、特定の内臓や決まった時間に薬の効果を発揮させる**「ドラッグデリバリーシステム」**が、非常に重要な役割を果たしています。

労働アリに対する薬剤投与の実験では水に混ぜて口から飲ませましたが、現時点では、体のなかで時間や空間を制御して、薬の効果を発揮するといった操作はできていません。そのため、薬がどこで効いているのか、本当に脂肪体で抗酸化作用があるのかを調べることは、とても重要な実験でした。

†遺伝子発現を操作する

実は時間的・空間的に操作するという点では、アリでは使うことの難しい遺伝学的な操作方法が非常に効果的です。脂肪体にだけ特異的に遺伝子Aを発現させる、またはその発現を抑制することが可能であり、さらに、それらの操作をある特定の時間にだけ誘導する、ということも可能です。

ショウジョウバエの実験で、睡眠障害を無理やりに誘導したときに、個体寿命が短縮し、腸組織における酸化ストレスがその一因であることを以前に紹介しました[10]。この研究を例にして、**遺伝子発現を空間・時間的に操作する手法**をご紹介します。

まずは睡眠障害を引き起こすために、睡眠のコントロールに関わっている神経細胞の活動を阻害するという実験系が必要になります。

神経活動は、ある刺激に応じて、神経細胞の膜に存在するイオンチャネルが開閉し、神経細胞に活動電位が発生することで生じます。つまり、人為的にこのチャネルの開け閉めを操作することができれば、自分が狙った神経細胞の活動をコントロールできることになります。

ここでは、温度依存的にチャネルの開閉がおこるTransient receptor potential（TRP）チャネルA1と呼ばれる遺伝子を利用しています。睡眠を司る神経細胞にだけ、TRPチャネルを強制的に発現させ、ショウジョウバエを飼育する温度を通常飼育環境の25度から29度に上げると、このチャネルが開いて神経活動を意図したタイミングで引き起こすことができる、という仕組みです。

このように、狙った神経細胞にだけある特定の遺伝子を発現させ、さらに飼育温度を変化させることにより、**狙った時間にだけ遺伝子の機能を発揮させる**という高度な操作が可能なのです。

睡眠を減らすという操作によって寿命が顕著に短くなることが明らかとなりました。このときに、体のさまざまな内臓組織の状態を調べたところ、腸に特異的に酸化ストレスが起こっていることがわかったのです。

それでは、孤立アリのときと同じように、この腸での酸化ストレスを低下させることによって、寿命の短縮は解除されるのでしょうか。

ひとつめの検証実験として、私たちと同じように抗酸化剤を投与し、睡眠障害による寿命の短縮が緩和されることを確認しています。

ふたつめの検証実験として、脳の特定の神経細胞にTRPチャネルを発現させることに加えて、同時に腸組織にのみ、抗酸化作用を持つ遺伝子を発現させるという遺伝学的操作を行いました。

その結果、たしかに寿命の短縮が緩和されることを確認しました。このふたつめの実験によって、腸組織にだけ抗酸化作用を増強させてあげることが、十分効果的であることを証明できたのです。

†技術のアップデート

このような研究を見ると、遺伝学的な操作実験、しかも時間や空間、複数の違う場所での操作が同時にできるなど、ショウジョウバエをはじめとしたモデル生物が、いかに分子生物学実験において突出した技術基盤をもっているかを実感します。

私が研究を始めた学生時代と比べても、常に新しい技術が開発されアップデートしつづけている、数多くの研究者が長い歴史のなかで積み上げてきた**研究基盤の厚さと底力**に圧倒されます。

さまざまな遺伝学的操作の方法が、非モデル生物でもできるようになってきたといっても、まだまだモデル生物とそれ以外の生物の差は大きいのが現状です。

アリを使うことで、どんな新しい現象を見出せるのか。

技術的な限界を乗り越えることがまだまだ困難であることが多いですが、そのなかでもどんなアプローチがベストなのか、そして常に技術面での挑戦が研究の進展においてとても重要だと考えています。

抗酸化剤投与による影響は孤立アリだけではなく、グループアリでも同時に調べていました。しかし、グループアリはもともと寿命も孤立アリと比較して長く、抗酸化剤を投与してもその寿命に大きな変化はみられませんでした。

先ほどの酸化ストレスの度合いを測った実験からも、抗酸化剤の投与はベースとして発生している活性酸素の量に影響を与えるものではありませんでした。そのため、グループアリの寿命がさらに延長する、といったことも起こらなかったと考えられます。

抗酸化剤は、孤立アリの脂肪体における酸化ストレスを緩和することにより、寿命を延長することができるということが確認できました。

†すみっこ行動の治療

脂肪体の酸化ストレスと寿命の短縮を矢印で結ぶことができましたが、孤立アリの行動の変化とはどのように関わるのでしょうか。

寿命の短縮と同じように、脂肪体における酸化ストレスの下流に、行動の変化があるのでしょうか。それとも、孤立環境からまずは壁際に長く滞在するという行動の変化が起こり、その結果として酸化ストレスが引き起こされるのでしょうか。

孤立環境において、脂肪体の酸化ストレスと並列で行動の変化が起きており、どちらも寿命短縮へと矢印が向かう可能性もあります。

抗酸化剤の投与によって孤立アリにどのような行動の変化が現れるかを調べることで、この**矢印の向きと関係性**を理解することができるはずです。

ここでは、孤立アリとグループアリのそれぞれに抗酸化剤を投与する群、何も投与しない未処理群のふたつの条件を準備します。これまでと同じように、壁際に滞在した時間と

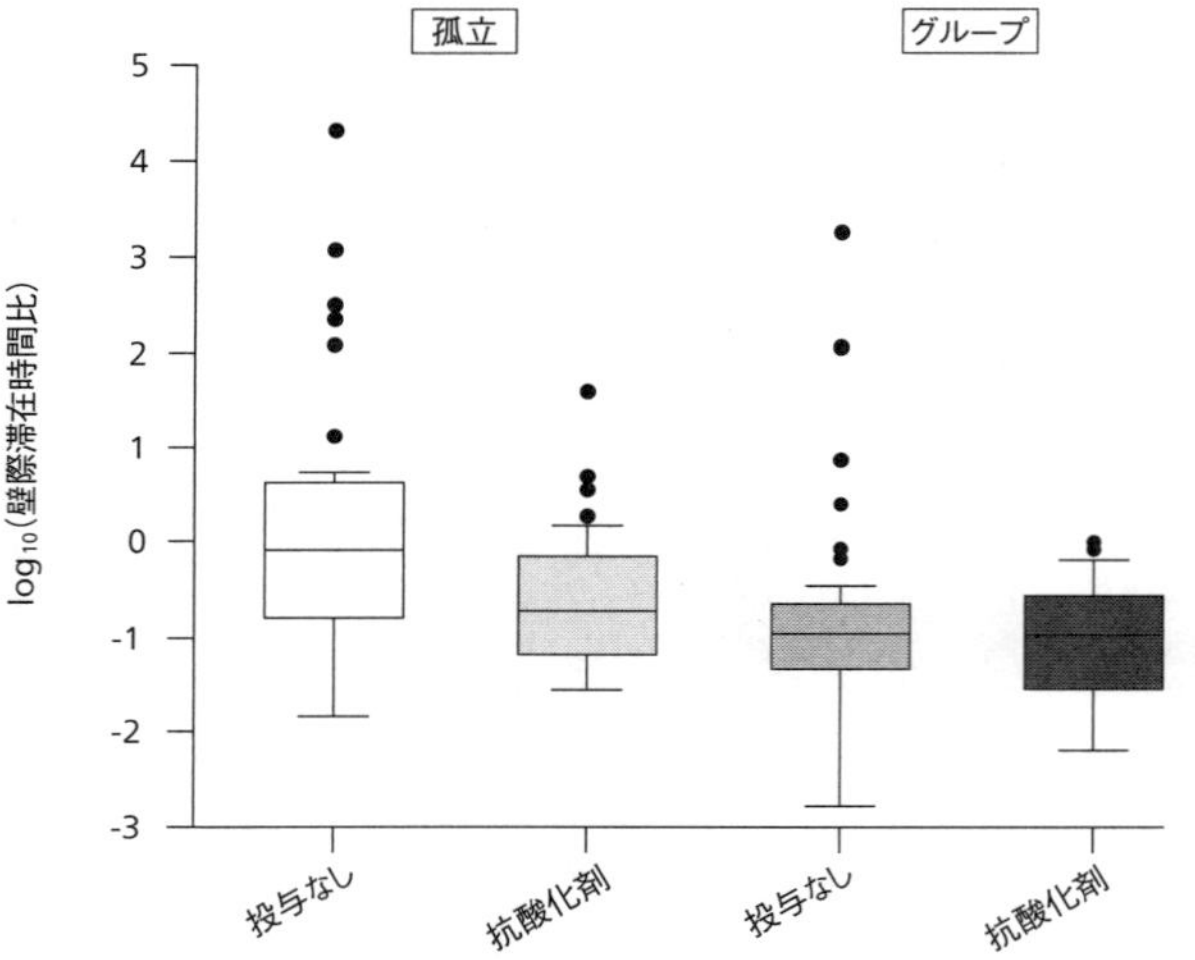

4−7　抗酸化剤（メラトニン）の投与によって、孤立アリのすみっこ行動は緩和され、グループ（未処理）アリと同じレベルにまで滞在時間が減少する

動いた速度、そして距離を測定しました。

抗酸化剤を飲んだ孤立アリは、未処理の孤立アリに比べると壁際滞在時間が統計的にも有意に短くなる傾向がみられ、大変興味深いことに、未処理のグループアリの壁際滞在時間と比較すると統計的に差がないレベルにまで低下していることがわかりました（4－7）。

これは酸化ストレスが起こった結果として、壁際に滞在する行動が引き起こされているという矢印を支持しています。

一方で、動いた距離についても調べると、これらの行動指標は孤立アリの未処理群と抗酸化剤の投与群の間で差がなく、どちらも未処理のグループアリよりも長い距離を歩く傾向がみられます。

速度については、メラトニンを投与しても孤立アリでは大きな変化がありませんでした。また、グループアリでは抗酸化剤を投与しても、3つの行動指標はいずれも変化しませんでした。

行動と酸化ストレスの関係性を1個体ずつ調べるという大変な実験について以前ご紹介しましたが、そのときも、脂肪体の酸化ストレスと相関関係をもっているのは壁際滞在時間だけであり、速度や距離とは関係しないことがわかっていました。

抗酸化剤投与の行動解析実験でも一貫して、影響をうけたのは壁際滞在行動だけであったという点は予想できたことでもありますが、非常にはっきりとした結果が得られたことは驚きでもありました。

当初、孤立アリの行動の特徴は壁際で過ごし、たくさん動く、と捉えていましたが、一連の実験を積み重ねることによって、**孤立アリの特徴は壁際に滞在するすみっこ行動にある**、ということができそうです。

この行動変化こそが、齧歯類でもこれまでに報告されていた、社会的孤立に対する不安行動と一致するものだったのです。

第5章 アリから学ぶ社会と健康

これまで10年以上、孤立アリと向きあい研究に取り組んできました。

常に自問自答するのは、

「アリの研究は私たちにどのように役に立つのか?」

「アリでわかったことは私たちヒトに共通するのか?」

という問題です。

これは、一般向けの講演などでお話しさせていただくとき、聴衆の皆さんからも非常によくいただく質問です。

なぜアリは孤立すると生きていけないのか?

ここで再度、アリの社会性や生態系に立ち戻って、**社会を失ったアリの生きる意味**を考えてみたいと思います。

1　アリの生きる意味

アリやハチのもつ社会性は**「真社会性」**という言葉で定義されるとおり、私たちヒトや

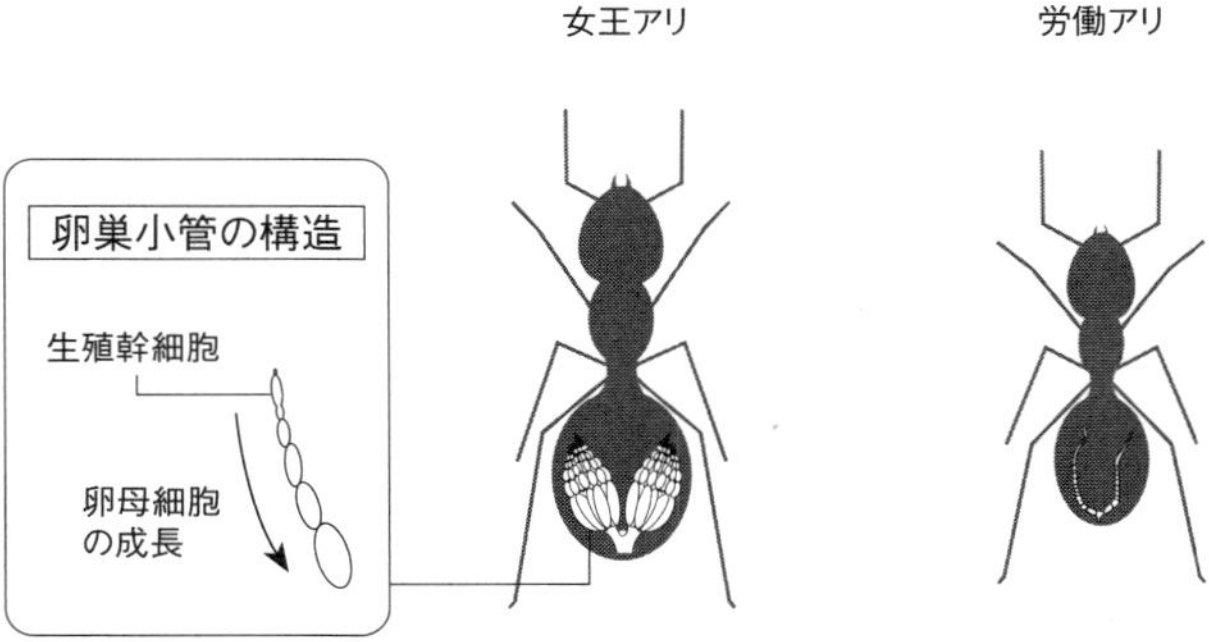

5－1　女王アリは、左右に複数の卵巣小管が束になって発達した卵巣をもつのに対して、労働アリは左右に細い卵巣小管が１本ずつ観察され、未発達な卵巣をもつ。それぞれの卵巣小管は先端に生殖幹細胞が存在し、末端に向かって卵母細胞は成熟し、産卵される

霊長類がもつ社会性とは大きく異なっています。「子孫をできるだけ多く残す」という生物に課された**生存戦略のゴール**が、社会性昆虫では女王アリにのみ託された役割なのです。

労働アリはすべてメスです。女王アリと同じように、お腹のなかには卵巣を持っており、性としては卵を産む能力を備えています。

昆虫の卵巣は哺乳類と同じように左右に一対ずつ存在し、一般に、それぞれの卵巣は卵巣小管と呼ばれる細い管が何本も束になった構造をしています（5－1）。

卵巣小管の先端には、生殖幹細胞が存在し、成熟した卵がこの一本一本の管のなかで育っていきます。卵巣小管をたくさんもつことによって、効率的に卵を準備できるのです。

対して、労働アリのお腹を解剖してみると、左右の卵巣にはそれぞれたった1本の卵巣小管しか存在していない、とても貧弱なものであることがわかります。

労働アリはコロニーに属するかぎり、自分で産卵することはありません。生まれながらにして貧弱な卵巣組織しかもっていませんし、コロニーにいる女王アリは周りにいる労働アリが自分と同じように卵を産むことがないよう、**性成熟を抑制するフェロモン**を分泌していることが知られています。

つまり、コロニーにおいては、労働アリは卵を産む能力も失われ、女王アリを助けることで自分の姉妹を増やし子孫を繁栄させるという生存戦略に則って一生を過ごすしかないのです。女王アリも、労働アリが自分を裏切ることがないようにフェロモンで操作しているなんて、なかなかしたたかに社会を統率していることがわかります。

では、私たちがここまでにみてきた孤立アリはどうでしょうか?

女王アリから離れたことにより、女王アリから受けていた性成熟の抑制という呪縛から解けた、とも理解できます。しかし、これまで多くの孤立アリを見てきましたが、女王アリの呪縛から解かれ、1匹になって産卵をはじめたケースを見たことがありません。

一方で、たとえば女王アリと何百という労働アリからなる大きなコロニーにおいて、**突**

然、女王アリが死んでしまうケースがあります。

これは女王アリが飼育ケースの蓋に挟まってしまった、などの物理的な事故によることが多いですが、その場合、残された労働アリの中から、兵隊アリのように恰幅の良い労働アリが産卵をはじめ、オスアリが誕生することがあります。

女王アリの性成熟の抑制から解き放たれたとしても、おそらく、もともとの卵巣小管の数であったり、栄養を蓄える脂肪体の発達や個体の月齢などの条件が必要です。さらには、周りに協力してくれる家族がどれくらい残っているか。

労働アリが卵を産むことができるかどうかは、さまざまな条件が揃わないと成し遂げることが難しいだろうと想像できます。

アリの孤立は私たちの孤立と同じでしょうか？　この問いかけに対して、私は常にNOという答えをもって取り組んできました。

社会性昆虫の生殖分業という社会ルールからみても、労働アリが社会のなかで暮らすこと、社会と離れることのもつ意味は、**私たちヒトの孤立とは生物学的にまったく異なる意味をもつ現象**であることがおわかりいただけたかと思います。

労働アリにとって、コロニーや女王アリから離れるということは、すなわち子孫を残すチャンスを失い、自らの生きる意味を失ったことと同意であるとも考えられるのです。

†仕組みの理解を遺伝子に、細胞に落とし込む

一方で、私はNOという答えでこの議論を終わらせてしまうのはもったいない、まだまだ孤立アリの研究から学び、私たちに役立つ情報や知識を得ることができるのではないか、と考えています。

アリとヒトという個体レベルで比べてしまうと答えを見つけるのがなかなか難しい問題ですが、ここでは**アリの孤立を研究する意義**について、孤立アリから得られた発見を振り返りながら考えてみたいと思います。

孤立アリの研究は、スイスで言葉の壁にはばまれ、まったく違う研究分野で方向性が見えなくなっていたときに、80年前の論文を手掛かりにまずは「アリを1匹にすると寿命が本当に短くなるのか」という、小学生の夏休みの課題でもできそうな、とても単純な観察からはじまりました。

そこから行動が変わっている、消化が遅れている、といった地道な観察を重ね、「トランスクリプトーム解析」という新しい遺伝子発現解析技術を導入することで、酸化ストレ

スを制御する遺伝子の関わりを発見することができました。

酸化ストレス応答は昆虫からヒトまで広く知られており、特に哺乳類では、老化や睡眠障害、さまざまな疾患によって引き起こされることも複数報告されています。孤立アリでも酸化ストレス応答が上昇している、というのはそれほど驚くような発見ではなかったかもしれません。

しかしながら、アリは孤立環境に対して、他の生物がストレスを感じたときと同じ応答をしている、ということが示されたのは大きな発見でした。

さらに、**酸化ストレス応答を手掛かりとして**孤立アリの体のなかでその原因となる場所を調べていった結果、孤立アリの研究では当初まったく想定していなかった脂肪体やエノサイトというエネルギー代謝に関わる末梢の細胞に注目することとなりました。

そして、これらの細胞における酸化ストレスが寿命の短縮や行動の異常を引き起こす原因となっていることを突き止め、他の生物でも知られていなかった新しい発見へとつながりました。

当初、行動に大きな変化が生じていることから、脳や神経細胞で酸化ストレスがかかっているのではないか、と予想していました。

ショウジョウバエでは、睡眠障害で腸に特異的に酸化ストレスが誘導されるという論文もありました。孤立アリでもこれらの先行研究と似た現象が起きているのではないか、と考えて酸化ストレスの測定を行う際に、脳や消化管を候補と考えていました。

今回の実験で脂肪体を測定対象としたのは、お腹を解剖して消化管を取り出すと、残っているものの大半は脂肪体であり、取り出すのもとても簡単なため、一緒に測定をしてみたという経緯があります。脂肪体はエネルギー代謝などに関わる非常に重要な組織であることは昆虫において広く知られていますが、「大本命」とは思わずに実験に取り組んでいました。

頭部や消化管では酸化ストレスがあがっていないということに少しがっかりした一方で、脂肪体の酸化ストレスの上昇は想定をしていなかったため、大変に驚きました。すぐさま、脂肪体でのさらなる詳細な酸化ストレスや、細胞死といった観察を行う実験を計画したのでした。

このように、**孤立による寿命短縮という生命現象**をくわしく見ていき、原因となっている「遺伝子」を突き詰め、個体を形作る「細胞」レベルにまで焦点を絞りこむことで、私たちは初めてヒトやアリといった外枠を超えて、他の生物とも共通する言語で初めて社会的孤立という現象をみることができるようになり、そして他の生物との比較ができるようになったのです。

脂肪体の役割は、これまでにも研究が進んできました。孤立アリで酸化ストレスが特に強く誘導されていたエノサイトは本当に小さな、そして数も少ない細胞種ではありますが、現在では哺乳類の肝細胞に最も近い働きをしている細胞だと考えられています。

肝細胞は哺乳類でも、タンパク質や糖質、脂質をエネルギーとして利活用するために代謝し、解毒作用を持つなど、個体が生体機能を維持していくうえで非常に重要な役割を多く担っています。

今後、孤立アリの病態を理解するうえで、アリにおいてエノサイトがどのような役割を担っているのか、また発生プロセスや老化の過程でどのようにその機能や性質が変化していくのか、といった**細胞の基本的な情報**を詳しく調べていくことが、重要と考えています。

抗酸化剤の実験では、孤立環境によって産生された活性酸素を打ち消すことで、孤立アリを助けることができましたが、今後脂肪体やエノサイトの機能や性質をより理解することにより、孤立環境に対してより耐性を備えた体づくりを促進することができるかもしれません。
なぜ活性酸素が産生されてしまうのか、さらに上流の仕組みを理解することによって、活性酸素が産生するよりも前の段階を予防することもできるかもしれません。

2　アリからのヒント

もうひとつ、これまでの発見で注目したいのが、孤立アリが示す**すみっこ行動**です。二次元バーコードを使うことにより、これまでに孤立アリのさまざまな行動変化の様子を明らかにしてきました。歩いている距離が長い、歩くスピードが速い、そして巣のなかに入らないという傾向をまとめると、孤立アリでは行動量が増え、エネルギーの消費量があがっていることが死因のひとつとなっているのではないか、と考えてきました。

しかし、酸化ストレスを調べていくうちに、孤立アリの行動変化のなかでも、酸化ストレスの上昇量と相関関係にあり、さらに寿命の短縮とも深く関わっているのは、壁際に長く滞在してしまうというすみっこ行動であることが示されたのです。

グループで飼育するときにも、餌取りなどの外勤行動を担当する労働アリは孤立アリと大きく変わらないほどに長く歩き回り、巣のなかに入る時間がとても短い個体が一定数、現れます。

こういった外勤アリが、外回りで歩き疲れてあっという間に死んでしまうということもありませんし、外勤アリほど酸化ストレスが高いということもありません。単に行動量が高いことが、孤立アリの寿命短縮の原因ではないことは間違いありません。

しかしながら、私たちは酸化ストレスとの関わりを調べることによって、初めてすみっこ行動の重要性に気づくことができたのでした。

孤立アリの場合は、抗酸化剤の投与によって、すみっこに滞在する時間が減少し、さらに寿命の短縮も緩和しました。つまり、すみっこに行ってしまうという行動は、生きるうえではマイナスの作用をもつ変化であることが読み取れます。

本来、労働アリは巣のなかで過ごすことが生活の基本となっています。すみっこ行動は、孤立に対する保身のため、つまりは孤立しながらも労働アリが自分を守るためにとった行動ではなく、孤立から生じる、**個体寿命短縮を加速する負の方向の変化**であったことがわかります。

孤立アリにおいて、私たちヒト、そしてラットやマウスといったモデル動物と共通するすみっこ行動にたどり着くことができたのは、非常に大きな成果であったと考えています。

同じ社会的なストレスを受けて、生き物が同じ行動変化を起こす意味は何でしょうか。

マウスやラットでは、空っぽの箱に入れられたときに、嫌な経験をしたあとだと真ん中の危なそうなところを避ける、という保身のために箱の壁際に滞在することが観察されてきました。

このすみっこに行ってしまう行動自体が、**なんらかの負の作用をさらに持っている**、ということは考えられないでしょうか。

すみっこにいることで、敵に見つかりにくく自分の身を守られていたつもりが、実はそれ自体は自分の体になんらかのマイナスの影響を与えている可能性も考えられるのかもしれません。

行動の解析においても、アリの場合は、身を隠す場所として巣が備わっている点なども、マウスやラットで実施されてきた実験系とは大きく異なっていますので、単純に同じ現象をみているとは捉えることはできません。

しかしながら、行動変化のひとつひとつを見ていき、さらに行動の変化と遺伝子、細胞、組織を結びつけていくことで、異なる生物の間でも共通した**社会的な孤立や負荷に対する体の応答**を見出していくことができると考えています。

†アリの弱点

アリは私たちよりもずっと前に地球上に誕生し、真社会性というユニークな暮らしを選択することで、地球上で最も繁栄する生物のひとつと言われるほどに個体数を増やし、生息域を広げてきました。

数が増えるだけではなく、アリは社会性昆虫のなかでも突出した**長い寿命**を獲得しています。

同じ社会性をもつミツバチでは、女王蜂は長くても2〜3年、働き蜂の寿命は季節によって異なりますが、冬場の個体寿命が長い時期でも半年程度です。オオアリの女王アリは10年以上、労働アリでも1年程度生きることからも、他の生物と比べると異質な生態をもつことがわかります。

それほどまでに強く、しなやかな生態システムを進化させてきたアリが、1匹になるとあっという間に死んでしまう。**アリの生態の弱点**を見せつけられたような気持ちになります。

しかしそれこそが、強い結束力をもつアリの社会が維持されてきた、逃れることのできない裏返しの結果なのかもしれません。労働アリは1匹では生きられないからこそ、社会のなかで、ひとつのパーツとして生涯をまっとうすることを選択してきたのでしょうか。

一方で、グループアリは、女王アリも幼虫も労働アリもみんなが揃っている通常コロニーでの暮らしに比べると、個体寿命が短くなりますが、それでも孤立アリに比べると10倍程度長く生きることができます。

本章の冒頭で触れた、コロニーから離れ、子孫を残す可能性がなくなり生きる意味を失ったという状況は、グループアリにも同じように当てはまるはずです。

それでもなお、グループアリは孤立アリより長く生きられるのはなぜでしょうか。どんな意味があるのでしょうか。

本章の冒頭で触れたように、女王アリから離れた環境では、労働アリは卵巣を発達させ未受精卵を産卵しオスを誕生させる可能性を秘めています。孤立アリとグループアリとでは、どちらも女王アリから離れたという条件は同じですが、その後の卵巣の発達やオスアリを残せるか、といった可能性が異なることが予想されます。

そういった応答性の違いが、グループアリと孤立アリの寿命の違いを生んでいるのかもしれません。

また、グループアリでの観察は、子孫をできるだけ多く残し生存効率を最大化させる、という生物の使命とはまた別に、**社会や仲間で生きることのプラスの効果**を示唆しているのではないか、とも考えています。

なぜアリは1匹になると死んでしまうのか。

私は、ともすると救いのない、後ろ向きな課題と対面することで、その裏返しに、どのような社会環境が健康の増進や寿命の延長につながるのかを知りたいと思っています。

そのとき、体のなかではどのような場所で、どのような遺伝子の働きに変化があるのでしょうか。

細胞を覗き込み、遺伝子の言葉に置き換えてその答えを探すことで、私は私たちの日常につながる、社会のなかで健康に、**よく生きるヒント**を見つけていきたいと考えています。

おわりに

私がアリの生態学の研究分野に飛び込んだのは２０１１年。日本学術振興会が支援する海外特別研究員という制度に採択され、東日本大震災の翌月、まだ混乱と不安が残るなかでの渡航でした。

留学当初は、まったく別の挑戦してみたいテーマがありましたが、技術的な問題から難航し、言葉の壁もあり途方に暮れていたときに孤立アリの研究に出会ったのです。

孤立アリの研究に着手してからは寿命の測定や行動解析、消化機能の測定など、主に観察をベースにした成果をひとつずつ積み上げることができました。

一方で、博士課程までの学生時代にショウジョウバエを用いた発生生物学や分子生物学研究に従事してきた自分にとって、研究の目標は、生命現象に対するメカニズムの解明、つまり原因となる遺伝子の発見や機能を明らかにすることにある、とずっと考えてきたこともあり、孤立アリの寿命や行動、生理機能の観察の先に、仕組みの解明に取り組むことを常に頭の中に描いてきました。

しかしながら、結婚、妊娠といった事情により、スイスでの留学は1年11カ月という短い期間で終わりとなり、第4章冒頭で紹介したトランスクリプトーム解析のためのサンプルを保存したところで日本に帰国となりました。

やっと言葉の壁を乗り越え、指導者であったローレント、そしてたくさんの同僚ともやっと心を許し合う関係を築くことができ、研究テーマの迷いから脱し孤立アリの短寿命のメカニズムの解明にいよいよ取りかかろうと、意欲が湧いていた時期であったため、まさに断腸の思いでの帰国となりました。

といっても、帰国のときには私は妊娠8カ月。行動解析を行うための実験室は通路もとても狭く、大きなお腹で不自由しながら実験していたことを覚えています。初めての出産に向けて、ギリギリのタイミングでの帰国となりました。

留学時代の思い出として、今でもよく覚えているのが2012年にイタリアのモンテカティーニ・テルメで開催された国際社会性昆虫学会（ヨーロッパ支部会）に参加し、孤立アリの研究を初めてポスターにして発表したときのことです。

孤立による短寿命は、80年前の論文にもあるように、古くから知られている現象ではありながら、長い間大きな注目を集めることはありませんでした。ポスター発表を見にきてくれる人と話していても、「こんなartificial（自然ではない）な実験をして何の意味があるの？」と意見をもらうことが多々ありました。

たしかに、自然界でアリが一人ぼっちになることはもちろん状況としてはあり得ると思いますが、そうなったアリの運命を知ることに何の意味があるのでしょうか。孤立アリが壁際に長く滞在する、という特徴的な行動は一体自然界でどのような意味があるのでしょうか。当時の私は回答に困りました。

学会に参加している人の多くはアリやハチといった社会性昆虫を材料にした生態学の研究者であり、生態学とはまさに生物が生きる環境（他生物を含む）との相互作用や、ありのままの生物が秘めた能力、役割、機能や生き様を理解することに重きを置く学問ですので、質問はもっともだと思いました。

当時はパッと答えることができませんでしたが、私はこれまでの研究キャリアのなかで、孤立アリの研究に何の意味があるのかを問い続け、少しずつ答えが出てきたように思います。

私の研究の目的はアリをモデルにして生命現象の仕組みを知ることにあり、かつその生命現象を細胞や遺伝子のレベルで理解することにあります。

同じ孤立といっても、アリとヒトではまったく違う仕組みが媒介をしているのかもしれませんし、何らかの共通の遺伝子や細胞に行き着くのかもしれません。そこまで行き着いたときに初めて共通性と相違性を明確にすることができ、その研究の意義にもたどり着くことができるのではないかと考えています。

現時点では、酸化ストレス応答をひとつの仕組みとして見出すことができましたが、孤立アリの生命現象をすべて理解できたとは到底言えません。

今後もアリの現象を突き詰め、さらにマウスやラットそしてヒトと比べられる情報を蓄積することで、社会的な孤立に対する応答が生命にとって普遍的な現象なのか、その先に生命が孤立ストレスを緩和し、乗り越える力を持ち、その仕組みに行き着くことができるかもしれません。

留学、結婚、出産、転職とさまざまなライフイベントを経て、孤立アリの研究をはじめてから13年が経過してしまいました。

研究者が一生涯で、自分の名刺となる研究に取り組めるのはほんの数テーマだよ、と学生時代に言われたことがあります。苦節のなかで出会った孤立アリですが、自分の名刺のひとつにできるように、これからも孤立アリの研究をする意義を、自問自答しながらも取り組み続けたいと思っています。

*

学生時代から現在に至るまで、私という人間、そして私の研究を理解し常に的確な言葉で応援してくださる三浦正幸先生にこの場を借りて心から感謝申し上げます。

そして、いつも不安で自信のない私を力強く励まし、常にするどい意見、温かいサポートとユーモアに溢れたローレント・ケラー教授にも最大の感謝を申し上げます。

研究現場における縁の下の力持ちである、数多くの技術支援員の方々にいつも支えられてきました。技術支援員の技術力の高さ、研究現場においてなくてはならない存在が広く知っていただけることを願って、この場を借りて心から感謝を申し上げます。

本書執筆の機会をくださり、執筆の長い期間、懐の深さと誠意を持ってお付き合いくださった筑摩書房の柴山浩紀さん、そして本書の執筆に協力いただいた中嶋悠一朗博士、宮崎智史博士、田村誠博士に感謝申し上げます。

本書にも掲載された、アリの生き生きとした美しい写真を提供してくださった森山実博士、野田智仁氏、産業技術総合研究所のブランディング・広報部の皆様に御礼申し上げます。

最後に、自分ごとのように毎年夢中になってアリ採集を手伝ってくれる家族に日々支えられ、これまで研究を続けられてきたことに感謝し、あとがきとさせていただきます。

アリの小さな背中を追いながら

２０２５年１月　古藤日子

〈索引〉

図版出典

第１章

１－１　https://www.dgrc.kit.ac.jp/ja/

１－２　筆者作成（ニマユマ作図）。

１－３　以下の論文、図１を参考に、ニマユマ作図。Frank, E. T. et al. Wound-dependent leg amputations to combat infections in an ant society. *Curr Biol* 34, 3273-3278（2024）. https://doi.org:10.1016/j.cub.2024.06.021

第２章

２－１　筆者撮影。（*Camponotus japonicus*）

２－２　産業技術総合研究所広報撮影。（*Camponotus fellah*）

２－３　筆者撮影。（*Camponotus japonicus*）

２－４　筆者撮影。（*Camponotus japonicus*）

２－５　筆者撮影。（*Camponotus fellah*）

２－６　野田智仁氏（東京大学・産業技術総合研究所）撮影。（*Camponotus japonicus*）

２－７　筆者作成（ニマユマ作図）。

第３章

３－１　以下の論文、図１より改変。Koto, A., Kuranaga, E. & Miura, M. Apoptosis ensures spacing pattern formation of *Drosophila* sensory organs. *Curr Biol* 21, 278-287（2011）. https://doi.org:10.1016/j.cub.2011.01.015

３－２　森山実博士（産業技術総合研究所）撮影。（*Camponotus fellah*）

３－３　以下の論文、図１をもとに筆者改変（ニマユマ作図）。Koto, A., Mersch, D., Hollis, B. & Keller, L. Social isolation causes mortality by disrupting energy homeostasis in ants. *Behav Ecol Sociobiol* 69, 583-591（2015）. https://doi.org:10.1007/s00265-014-1869-6

３－４　筆者撮影。（*Camponotus fellah*）

３－５　以下の書籍、図2.26をもとに筆者改変。Hansen, L. D. & Klotz, J. H. Carpenter ants of the United States and Canada.（Cornell University Press, 2005）.

第４章

４－１　以下の論文、図１をもとに筆者改変（ニマユマ作図）。Koto, A. et al.

Social isolation shortens lifespan through oxidative stress in ants. *Nat Commun* 14 (2023). https://doi.org:ARTN 549310.1038/s41467-023-41140-w

4－2　筆者作成（ニマユマ作図）。

4－3　以下の論文、図2をもとに筆者改変（ニマユマ作図）。Koto, A. et al. Social isolation shortens lifespan through oxidative stress in ants. *Nat Commun* 14 (2023). https://doi.org:ARTN 549310.1038/s41467-023-41140-w

4－4　以下の論文、図1をもとに筆者改変（ニマユマ作図）。Roma, G. C., Bueno, O. C. & Camargo-Mathias, M. I. Morpho-physiological analysis of the insect fat body: A review. *Micron* 41, 395–401 (2010). https://doi:10.1016/j.micron.2009.12.007

4－5　以下の論文、図3をもとに筆者改変。Koto, A. et al. Social isolation shortens lifespan through oxidative stress in ants. *Nat Commun* 14 (2023). https://doi.org:ARTN 549310.1038/s41467-023-41140-w

4－6　以下の論文、図4をもとに筆者改変（ニマユマ作図）。Koto, A. et al. Social isolation shortens lifespan through oxidative stress in ants. *Nat Commun* 14 (2023). https://doi.org:ARTN 549310.1038/s41467-023-41140-w

4－7　以下の論文、図4をもとに筆者改変。Koto, A. et al. Social isolation shortens lifespan through oxidative stress in ants. *Nat Commun* 14 (2023). https://doi.org:ARTN 549310.1038/s41467-023-41140-w

第5章

5－1　筆者作成（ニマユマ作図）。

注

第1章

1 Holt-Lunstad, J., Smith, T. B., Baker, M., Harris, T. & Stephenson, D. Loneliness and social isolation as risk factors for mortality: a meta-analytic review. *Perspect Psychol Sci* 10, 227–237 (2015). https://doi.org:10.1177/1745691614568352

2 Saito, E. et al. Smoking cessation and subsequent risk of cancer: A pooled analysis of eight population-based cohort studies in Japan. *Cancer Sci* 109, 1438–1438 (2018).

3 Iijima, K. et al. Dissecting the pathological effects of human Aβ40 and Aβ42 in *Drosophila*: a potential model for Alzheimer's disease. *Proc Natl Acad Sci USA* 101, 6623–6628 (2004). https://doi.org:10.1073/pnas.0400895101

4 Tabuchi, M. et al. Sleep interacts with Aβ to modulate intrinsic neuronal excitability. *Curr Biol* 25, 702–712 (2015). https://doi.org:10.1016/j.cub.2015.01.016

5 Hollis, K. L. & Nowbahari, E. A comparative analysis of precision rescue behaviour in sand-dwelling ants. *Anim Behav* 85, 537–544 (2013). https://doi.org:10.1016/j.anbehav.2012.12.005 および Nowbahari, E., Scohier, A., Durand, J. L. & Hollis, K. L. Ants, *Cataglyphis cursor*, Use precisely directed rescue behavior to free entrapped relatives. *Plos One* 4 (2009). https://doi.org:ARTN e657310.1371/journal.pone.0006573

6 Frank, E. T. et al. Saving the injured: Rescue behavior in the termite-hunting ant *Megaponera analis*. *Sci Adv* 3 (2017). https://doi.org:ARTN e160218710.1126/sciadv.1602187

7 Frank, E. T. et al. Wound-dependent leg amputations to combat infections in an ant society. *Curr Biol* 34, 3273–3278 (2024). https://doi.org:10.1016/j.cub.2024.06.021

8 Heinze, J. & Walter, B. Moribund ants leave their nests to die in social isolation. *Curr Biol* 20, 249–252 (2010). https://doi.org:10.1016/j.cub.2009.12.031

9 Konrad, M. et al. Social transfer of pathogenic fungus promotes active immunisation in ant colonies. *Plos Biol 10* (2012). https://doi.org:ARTN e1001300

第2章

1 Trible, W. et al. *orco* Mutagenesis causes loss of antennal lobe glomeruli and impaired social behavior in Ants. *Cell* 170, 727-735. e10 (2017). https://doi.org:10.1016/j.cell.2017.07.001およびYan, H. et al. An engineered *orco* mutation produces aberrant social behavior and defective neural development in ants. *Cell* 170, 736-747. e9 (2017). https://doi.org:10.1016/j.cell.2017.06.051

2 Shirai, Y., Piulachs, M. D., Belles, X. & Daimon, T. DIPA-CRISPR is a simple and accessible method for insect gene editing. *Cell Rep Methods* 2, 100215 (2022). https://doi.org:10.1016/j.crmeth.2022.100215

3 Boomsma, J. J. Kin selection versus sexual selection: Why the ends do not meet. *Curr Biol* 17, R673-R683 (2007). https://doi.org:10.1016/j.cub.2007.06.033

4 Hughes, W. O., Oldroyd, B. P., Beekman, M. & Ratnieks, F. L. Ancestral monogamy shows kin selection is key to the evolution of eusociality. *Science* 320, 1213-1216 (2008). https://doi.org:10.1126/science.1156108

第3章

1 Grassé, P. & Chaurin, R. L'effet de group et de la survie des neutres dans les sociétées d'insectes. *Rev Sci* 82, 261-264 (1944).

2 Koto, A., Kuranaga, E. & Miura, M. Apoptosis ensures spacing pattern formation of *Drosophila* sensory organs. *Curr Biol* 21, 278-287 (2011). https://doi.org:10.1016/j.cub.2011.01.015

3 Koto, A., Mersch, D., Hollis, B. & Keller, L. Social isolation causes mortality by disrupting energy homeostasis in ants. *Behav Ecol Sociobiol* 69, 583-591 (2015). https://doi.org:10.1007/s00265-014-1869-6

4 Greenwald, E., Segre, E. & Feinerman, O. Ant trophallactic networks: simultaneous measurement of interaction patterns and food dissemination. *Sci Rep* 5: 12496 (2015). https://doi.org:ARTN 1249610.1038/srep12496

5 Chandra, V. et al. Social regulation of insulin signaling and the evolution of eusociality in ants. *Science* 361, 398-402 (2018). https://doi.org:10.1126/science.aar5723

6 Caminer, M. A. et al. Task-specific odorant receptor expression in worker antennae indicates that sensory filters regulate division of labor in ants. *Commun Biol* 6, 1004 (2023). https://doi.org:ARTN 100410.1038/s42003-

023-05273-4

第4章

1 Koto, A. et al. Social isolation shortens lifespan through oxidative stress in ants. *Nat Commun* 14 (2023). https://doi.org:ARTN549310.1038/s41467-023-41140-w

2 Vaccaro, A. et al. Sleep loss can cause death through accumulation of reactive oxygen species in the gut. *Cell* 181, 1307–1328. e15 (2020). https://doi.org:10.1016/j.cell.2020.04.049

3 Toth, A. L. & Robinson, G. E. Worker nutrition and division of labour in honeybees. *Anim Behav* 69, 427–435 (2005). https://doi.org:10.1016/j.anbehav.2004.03.017

4 Toth, A. L., Kantarovich, S., Meisel, A. F. & Robinson, G. E. Nutritional status influences socially regulated foraging ontogeny in honey bees. *J Exp Biol* 208, 4641–4649 (2005). https://doi.org:10.1242/jeb.01956

5 Gutierrez, E., Wiggins, D., Fielding, B. & Gould, A. P. Specialized hepatocyte-like cells regulate *Drosophila* lipid metabolism. *Nature* 445, 275–280 (2007). https://doi.org:10.1038/nature05382

6 Huang, K. et al. RiboTag translatomic profiling of *Drosophila* oenocytes under aging and induced oxidative stress. *Bmc Genomics* 20: 50 (2019). https://doi.org:ARTN 5010.1186/s12864-018-5404-4

7 Huang, K. et al. Impaired peroxisomal import in *Drosophila* oenocytes causes cardiac dysfunction by inducing upd3 as a peroxikine. *Nat Commun* 11: 2943 (2020) . https://doi.org:ARTN 294310.1038/s41467-020-16781-w

8 石川幸男．体表炭化水素の多面的役割——乾燥耐性の賦与と情報伝達物質としての働き．蚕糸・昆虫バイオテック 88, 89–95 (2019).

9 Boulay, R. & Lenoir, A. Social isolation of mature workers affects nestmate recognition in the ant *Camponotus fellah*. *Behav Process* 55, 67–73 (2001). https://doi.org:Doi 10.1016/S0376-6357 (01) 00163-2

10 Ieraci, A., Mallei, A. & Popoli, M. Social isolation stress induces anxious-depressive-like behavior and alterations of neuroplasticity-related genes in adult male mice. *Neural Plast* 2016, 6212983 (2016). https://doi.org:Artn 621298310.1155/2016/6212983

11 2に同じ

ちくま新書
1851

ぼっちのアリは死《し》ぬ
——昆虫研究《こんちゅうけんきゅう》の最前線《さいぜんせん》

二〇二五年四月一〇日 第一刷発行

著者 古藤日子（ことう・あきこ）
発行者 増田健史
発行所 株式会社 筑摩書房
東京都台東区蔵前二-五-三 郵便番号一一一-八七五五
電話番号〇三-五六八七-二六〇一（代表）
装幀者 間村俊一
印刷・製本 三松堂印刷 株式会社

ISBN978-4-480-07680-9 C0245

1837
サプリメントの不都合な真実
畝山智香子
紅麹の危険性は予知されていた！「ビタミンやミネラルだから安全」は大間違い？ 知ったら怖くて飲めなくなる。食品安全の第一人者が隠された真実を徹底解説。

1793
宇宙の地政学
倉澤治雄
国策から民間へ、国威発揚からビジネスへ、平和利用から軍民一体へ……大きくシフトする宇宙開発。覇権を争う米国と中国、そして日本の最新事情をレポート。

1787
「頭がいい」とはどういうことか
――脳科学から考える
毛内拡
カギは「脳の持久力」にあった！ 思い通りに体を動かす、アートを作り出す、感じる、人の気持ちがわかるなど、AI時代に求められる「真の頭の良さ」を考える。

1778
70歳までに脳とからだを健康にする科学
石浦章一
健康で長寿になれる正しい方法を生命科学の最新知見に基づき解説します。タンパク質、認知症、筋力、驚きの最新脳科学、難病の治療……科学でナットクの新常識！

1723
健康寿命をのばす食べ物の科学
佐藤隆一郎
健康食品では病気は治せない？ 代謝のメカニズムから、丈夫な骨や筋肉のしくみ、本当に必要不可欠な栄養素まで。健康に長生きするために知っておきたい食の科学。

1689
理数探究の考え方
石浦章一
高校の新科目「理数探究」では何を学ぶのか。数学の確率的思考、理科の実験のデザイン方法など、自らどう学びどうアウトプットするかを事例豊富に案内します。

1644
こんなに変わった理科教科書
左巻健男
えっ、いまは習わないの？ かいちゅうと十二指腸虫の写真入り解説、有精卵の成長観察、解剖実験などはなぜ消えたのか。戦後日本の教育を理科教科書で振り返る。

1616
日本半導体 復権への道
牧本次生
日本半導体産業のパイオニアが、その発展史と日本の持つ強みと弱みを分析。我が国の命運を握る半導体産業復活への道筋を提示し、官民連携での開発体制を提唱する。

1607
魚にも自分がわかる
――動物認知研究の最先端
幸田正典
魚が鏡を見て、体についた寄生虫をとろうとする⁉「魚の自己意識」に取り組む世界で唯一の研究室が、動物の賢さをめぐる常識をひっくり返す！

1566
ダイオウイカ vs. マッコウクジラ
――図説・深海の怪物たち
北村雄一
海の男たちが恐怖したオオウミヘビや日本の漁船が引きあげたニューネッシーの正体は何だったのか。深海に蠢く奇々怪々な生物の姿と生態を迫力のイラストで解説。

1564
新幹線100系物語
福原俊一
国鉄最後の「記憶に残る名車」新幹線100系。その設計開発・計画・運転・保守に打ち込んだ鉄道マンたちの思いと鉄道魂を、当時の関係者への綿密な取材をもとに伝える。

1545
学びなおす算数
小林道正
分数でわるとなぜ答えが大きくなるか、円周率はなぜわりきれないか、マイナスかけるマイナスがなぜプラスになるか、図形感覚が身につく補助線とは……。

1542
生物多様性を問いなおす
――世界・自然・未来との共生とＳＤＧｓ
高橋進
ＳＤＧｓ達成に直結し、生物資源と人類の生存基盤とを包摂する生物多様性。地球公共財をめぐる旧来の利益第一主義を脱し、相利共生を実現するための構図を示す。

1454
やりなおし高校物理
永野裕之
ムズカシイ……。定理、法則、数式と覚えて理解しなきゃいけないことが多い物理。それを図と文章で一気に理解させ、数式は最後にまとめて確認する画期的な一冊。

1442
ヒトの発達の謎を解く
――胎児期から人類の未来まで
明和政子
イヤイヤ期はなぜ起きる？　思春期に感情が暴走するのはなぜ？　デジタル化は脳に影響あるの？　ヒトの本質に焦点をあてて、脳と心の成長を科学的に解明する。

1432
やりなおし高校地学
――地球と宇宙をまるごと理解する
鎌田浩毅
人類の居場所である地球・宇宙をまるごと学ぼう！　京大人気№１教授が贈る、壮大かつ実用的なエッセンスを集めた入門書。日本人に必須の地学の教養がこの一冊に。

1425
植物はおいしい
――身近な植物の知られざる秘密
田中修
季節ごとの旬の野菜・果物・穀物から驚きの新品種、香りの効能、認知症予防まで、食べる植物の「すごい」「おもしろい」「ふしぎ」な話題を豊富にご紹介します。

1389
中学生にもわかる化学史
左巻健男
世界は何からできているのだろう。この大いなる疑問に挑み続けた道程を歴史エピソードで振り返る。古代哲学者から錬金術、最先端技術のすごさまで！

1387
ゲノム編集の光と闇
――人類の未来に何をもたらすか
青野由利
世界を驚愕させた「ゲノム編集ベビー誕生」の発表。生命の設計図を自在に改変する最先端の技術を基礎から解きほぐし、利益と問題点のせめぎ合いを真摯に追う。

1328
遺伝人類学入門
――チンギス・ハンのＤＮＡは何を語るか
太田博樹
古代から現代までのゲノム解析研究が語る、我々のルーツとは。進化とは、遺伝とは、を根本から問いなおし、人類の遺伝子が辿ってきた歴史を縦横無尽に解説する。

1317
絶滅危惧の地味な虫たち
――失われる自然を求めて
小松貴
環境の変化によって滅びゆく虫たち。なかでも誰もが注目しないやつらに会うために、日本各地を探訪する。果たして発見できるのか？　虫への偏愛がダダ漏れ中！

ちくま新書

1315
大人の恐竜図鑑
北村雄一
陸海空を制覇した恐竜の最新研究の成果と雄姿を再現。日本で発見された化石、ブロントサウルスの名前が消えた理由、ティラノサウルスはどれほど強かったか……。

1314
世界がわかる地理学入門
――気候・地形・動植物と人間生活
水野一晴
気候、地形、動植物、人間生活……気候区分ごとに世界各地の自然や人々の暮らしを解説。世界を旅する地理学者による、写真や楽しいエピソードも満載の一冊！

1297
脳の誕生
――発生・発達・進化の謎を解く
大隅典子
思考や運動を司る脳は、一個の細胞を出発点としてどのように出来上がったのか。30週、20年、10億年の各視点から、その小宇宙が形作られる壮大なメカニズムを追う！

1264
汗はすごい
――体温、ストレス、生体のバランス戦略
菅屋潤壹
もっとも身近な生理現象なのに誤解されている汗。大量の汗では痩身も解熱もしない。でも上手にかけばメリットも多い。温熱生理学の権威が解き明かす汗のすべて。

1263
奇妙で美しい 石の世界〈カラー新書〉
山田英春
瑪瑙を中心とした模様の美しい石のカラー写真とともに、石に魅了された人たちの数奇な人生や、歴史上の逸話、旅先の思い出など、国内外の様々な石の物語を語る。

1243
日本人なら知っておきたい 四季の植物
湯浅浩史
日本には四季がある。それを彩る植物がある。日本人と花とのつき合いは深くて長い。伝統のなかで培われた日本人の豊かな感受性をみつめなおす。カラー写真満載。

1231
科学報道の真相
――ジャーナリズムとマスメディア共同体
瀬川至朗
なぜ科学ジャーナリズムで失敗が起こり、読者の不信感を引き起こすのか？　原発事故・STAP細胞・地球温暖化など歴史的事例から、問題発生の構造を徹底検証。

ちくま新書

1222
イノベーションはなぜ途絶えたか
——科学立国日本の危機
山口栄一
かつては革新的な商品を生み続けていた日本の科学産業はなぜダメになったのか。シャープの危機や日本政府のベンチャー育成制度の失敗を検証。復活への方策を探る。

1217
図説 科学史入門
橋本毅彦
天体、地質から生物、粒子へ。新たな発見、分類、一般に認知されるまで様々な人間模様を経て、科学は発展したのである。それらを美しい図像に基づいて一望する。

1214
ひらかれる建築
——「民主化」の作法
松村秀一
建築が転換している！ 居住のための「箱」から生きるための「場」へ。「箱」は今、人と人をつなぐコミュニティとなる。あるべき建築の姿を描き出す。

1186
やりなおし高校化学
齋藤勝裕
興味はあるけど、化学は苦手。そんな人は注目！ 原子の構造、周期表、溶解度、酸化・還元など必須項目をやさしく総復習し、背景まで理解できる「再」入門書。

1181
日本建築入門
——近代と伝統
五十嵐太郎
「日本的デザイン」とは何か。五輪競技場・国会議事堂・皇居など国家プロジェクトにおいて繰り返されてきた問いを通し、ナショナリズムとモダニズムの相克を読む。

1157
身近な鳥の生活図鑑
三上修
愛らしいスズメ、情熱的な求愛をするハト、人間をも利用する賢いカラス……。町で見かける鳥たちの生活には、発見がたくさん。カラー口絵など図版を多数収録！

1156
中学生からの数学「超」入門
——起源をたどれば思考がわかる
永野裕之
算数だけで十分じゃない？ 数学嫌いから聞こえてくるそんな疑問に答えるために、中学レベルから「数学的な思考」に刺激を与える読み物と問題を合わせた一冊。